Ezeh Sunny C.
Mode A.W.
Yelwa N.A.

Indicadores paleoambientais: exemplos clássicos de afloramentos de arenito

Ezeh Sunny C.
Mode A.W.
Yelwa N.A.

Indicadores paleoambientais: exemplos clássicos de afloramentos de arenito

Sedimentologia e caraterísticas dos fósseis vestigiais do Cretácico Superior, Formação de Arenitos de Lokoja, Bacia de Bida, Nigéria

ScienciaScripts

Imprint
Any brand names and product names mentioned in this book are subject to trademark, brand or patent protection and are trademarks or registered trademarks of their respective holders. The use of brand names, product names, common names, trade names, product descriptions etc. even without a particular marking in this work is in no way to be construed to mean that such names may be regarded as unrestricted in respect of trademark and brand protection legislation and could thus be used by anyone.

Cover image: www.ingimage.com

This book is a translation from the original published under ISBN 978-3-659-82037-3.

Publisher:
Sciencia Scripts
is a trademark of
Dodo Books Indian Ocean Ltd. and OmniScriptum S.R.L publishing group

120 High Road, East Finchley, London, N2 9ED, United Kingdom
Str. Armeneasca 28/1, office 1, Chisinau MD-2012, Republic of Moldova, Europe
Printed at: see last page
ISBN: 978-620-8-24831-4

DEDICAÇÃO

Àqueles que Deus utilizou para nos transmitir o conhecimento

AGRADECIMENTOS

Gostaríamos de agradecer a todo o pessoal do Departamento de Geologia da Universidade da Nigéria, Nsukka, onde o trabalho de investigação e a análise foram efectuados, sem esquecer o Sr. Olayinka Saludeen que supervisionou a análise granulométrica.

Gostaríamos também de agradecer aos nossos numerosos colegas sem os quais este trabalho não teria sido uma realidade, especialmente ao Sr. Ashe Ochuko, que esteve connosco no trabalho de campo e no exercício de recolha de amostras.

Por fim, bendizemos Deus Todo-Poderoso, porque Ele é o nosso refúgio, a nossa força e a nossa ajuda sempre presente nos momentos de necessidade.

RESUMO

A Formação Lokoja do Cretácico superior é essencialmente constituída por arenitos com intercalações de argilitos e siltitos. Está exposta ao longo da via rápida Okene-Abuja, perto da confluência do rio Níger e do rio Benue, na bacia sul de Bida. Sete secções de corte de estrada foram descritas, medidas e amostradas com o objetivo de determinar as condições de deposição e as caraterísticas dos fósseis vestigiais. O estudo da litofácies mostra que a Formação é composta por três grandes associações de fácies: arenito conglomerático, arenito maciço e argilito-siltito. O exame granulométrico revela que os arenitos maciços são de granulometria média, pouco a moderadamente selecionados e texturalmente imaturos, com uma matriz significativa de feldspato e argila caulinítica. A análise morfométrica (da fácies de arenito conglomerático) revela a predominância do processo fluvial com influência da ação da praia. Este facto foi apoiado pelo resultado da paleocorrente que consiste em diagramas de rosas unimodais e bimodais; embora a análise multivariada mostre significativamente a influência do mar raso. Os fósseis vestigiais identificados foram distribuídos esporadicamente nas fácies de arenito maciço caracterizadas por estratificação cruzada em espinha de peixe. Estes vestígios fósseis são essencialmente *Ophiomorpha* e *Thalassinoides* e revelam depósitos de influência marinha.

Com base nos resultados da sedimentologia e dos fósseis vestigiais, é evidente que os sedimentos na área de estudo eram depósitos de leques aluviais, riachos entrançados e sistemas de influência marinha. Além disso, este estudo prova ainda que houve uma incursão marinha pouco profunda na Formação de Arenito de Lokoja durante o período Campaniano - Maastrichtiano.

ÍNDICE DE CONTEÚDOS

CAPÍTULO UM

1.0. Introdução

A bacia de Bida, também conhecida como Nupe ou bacia do Médio Níger, é uma depressão de tendência noroeste-sudeste que se situa perpendicularmente à calha de Benue. A Formação Lokoja está localizada na parte sul da bacia e situa-se na longitude 6° 30'E e 7° 10'E, e na latitude 8° 20'N e 7° 75'N (fig.1). Trabalhos anteriores efectuados na área incluem as caraterísticas hidráulicas das fácies de arenito do Cretácico superior na bacia sul de Bida (Vrbka *et al.,* 1999). Outros autores (Braide, 1992; Olaniyan e Olobaniyi, 1996; Olugbemiro e Nwajide, 1997) relataram algumas facetas das caraterísticas sedimentológicas da Formação Lokoja e do Arenito Bida como depósitos continentais. Agyingi (1991) e Braide (1992), ao trabalharem na geologia da Formação, interpretaram-na como depósitos continentais. Ojo e Akande (2003), por outro lado, sugeriram a influência de processos marinhos pouco profundos no desenvolvimento da Formação Lokoja durante o período Campaniano - Maastrichtiano com base em estudos de fácies. O arenito de Lokoja sobrepõe-se de forma não conforme às rochas basais pré-cambrianas. As unidades litológicas consistem em conglomerados, arenitos finos a seixos e siltitos a argilitos. São geralmente mal selecionadas e compostas principalmente por quartzo e feldspato, portanto texturalmente e mineralogicamente imaturas (Ojo, 1992; Ojo e Akande, 2006).

A essência deste estudo é reconstruir o cenário deposicional da área de estudo usando análise sedimentológica detalhada e caraterísticas icnológicas (estudos de fósseis vestigiais).

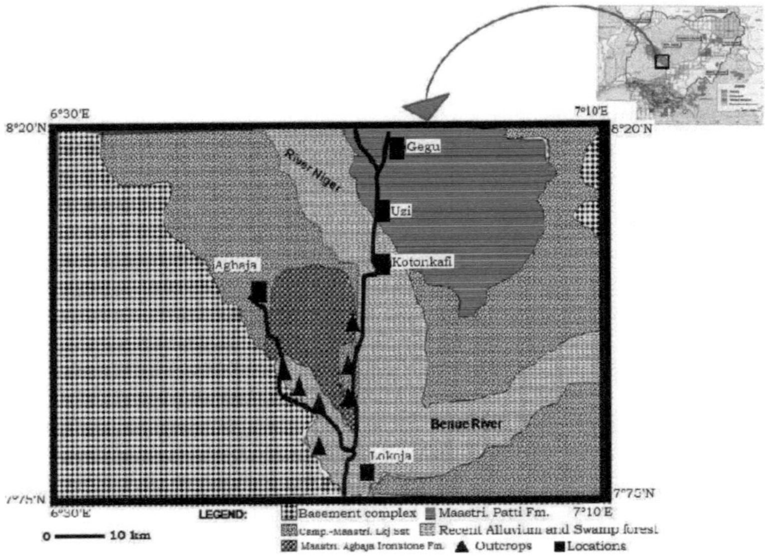

Fig. 1: (a) Mapa da Nigéria (inserir) mostrando a localização da área de estudo na bacia de Bida (caixa preta retangular) e mapa de fácies (ampliar) da área de estudo mostrando a localização dos afloramentos, drenagem e acessibilidade

1.1. Cenário geológico

A bacia de Bida é uma bacia intercratónica que contém principalmente rochas de origem sedimentar e que se acredita ser de idade pós-santoniana (Adeleye, 1972). É geralmente considerada como a extensão noroeste da bacia de Anambra a sudeste. A sul, os afloramentos da área de Igala fundem-se com os da bacia de Anambra e, a noroeste, a bacia funde-se com a parte sul da bacia de Sokoto (fig. 2). A bacia de Bida é uma calha pouco profunda preenchida com sedimentos Campanianos - Maastrichtianos depositados sob condições fluviais e marinhas pouco profundas tropicais-subtropicais.

A sucessão sedimentar na bacia é geralmente plana e composta por sedimentos clásticos grosseiros e finos e ironstones totalizando cerca de 2000 m. As unidades litológicas são arenitos, siltitos, argilitos e ironstone oolítico e pisolítico (Adeleye, 1974 e Kogbe *et al.,* 1981). A parte sul da bacia de Bida é a série Lokoja (Falconer, 1911); o equivalente lateral do grupo Nupe. Três formações compõem esta parte da bacia: Agbaja ironstone, Patti e Lokoja Sandstone. A Formação de Arenito de Lokoja constitui os leitos basais que cobrem o complexo do subsolo. Esta formação está exposta entre Lokoja e Koton-karfi. Os leitos variam entre conglomerados, arenitos de grão grosso e fino, siltitos e argilitos na área de Lokoja. Calhaus subangulares a subarredondados, seixos e grãos de quartzo de tamanho granular são frequentemente distribuídos numa matriz de argila na unidade. O arenito de Lokoja foi atribuído a uma idade Campaniana (Adeleye, 1972) e a sua espessura é superior a 280 m.

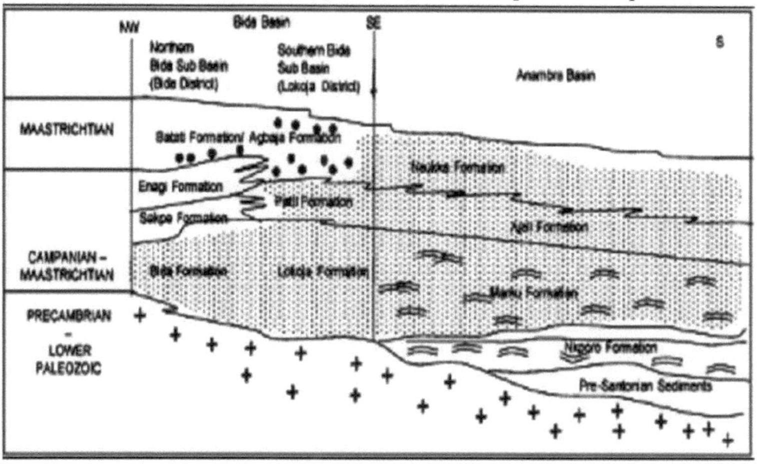

Fig. 2: Sucessões estratigráficas regionais na Bacia de Bida e relações estratigráficas NW-SE-S restauradas da Bacia de Bida para a Bacia de Anambra (segundo Akande e Ojo, 2009).

1.1. Metodologia

A recém-construída via rápida Okene-Abuja (OA) expôs seis secções de afloramento, enquanto uma outra secção foi exposta a um quilómetro e meio de distância da via rápida (medição à medida que o pássaro voa). Estas sete secções de afloramento foram medidas, descritas litologicamente e foram obtidas amostras frescas de arenito de todas as áreas (tabela 1). No total, foram recolhidas quarenta amostras por amostragem leito a leito para garantir uma representação exacta (ver detalhes na tabela 1). Estas amostras foram secas e desagregadas antes de serem analisadas. Cem gramas (100 g) de amostras colhidas em diferentes leitos foram divididas em duas partes iguais pelo separador de amostras Jones para evitar uma distribuição incorrecta da granulometria. Uma parte da amostra foi medida utilizando uma balança de feixe antes de ser peneirada durante 15 minutos num agitador de peneiras Ro - tap utilizando a peneira padrão dos EUA com um intervalo de escala U phi, para obter a máxima precisão dos resultados, tal como sugerido por Folk e Ward (1957). Cada parte da fração foi pesada na balança de feixe com uma precisão de 0,01 grama e registada (apêndice A).

Os gráficos de frequência cumulativa no papel gráfico de probabilidade logarítmica (apêndice B) para cada amostra foram efectuados segundo o método de Visher (1969). A partir dos gráficos cumulativos, os percentis significativos foram lidos e utilizados para calcular os parâmetros estatísticos dos grãos (Apêndice C), seguindo o método de Folk e Ward (1957). Os seixos foram recolhidos aleatoriamente na fácies arenítica conglomerática e as análises morfométricas foram efectuadas segundo o método descrito por Stratten (1973). Os eixos longo (L), intermédio (I) e curto (S) dos clastos foram medidos com um compasso de vernier (Apêndices D e E). Os parâmetros morfométricos calculados e obtidos incluem a razão de achatamento (F.R) e a razão de alongamento (E.R) segundo Lutig (1962), o índice oblato-prolato (índice OP) segundo Dobklins e Folk (1970), e a esfericidade de projeção máxima, segundo Sneed e Folk (1958). As medições de paleocorrentes dos leitos transversais foram efectuadas em duas localidades.

Quadro 1: Número de amostras recolhidas por cada local de afloramento em quilómetros

Outcrop sections	No. of samples collected	Outcrop Location (km)
One	13	26.6
Two	9	28.05
Three	8	28.48
Four	4	35.05
Five	3	34.4
Six	1	32.98
Seven	2	1.5 km away from OA
Total	40	

CAPÍTULO DOIS

2.0. Análises e resultados

Foram medidas sete secções, descritas litologicamente e recolhidas amostras nos quilómetros 26,6, 28,05, 28,48, 35,05, 34,4 e 32,98 da via rápida Okene-Abuja e a um quilómetro e meio da cidade de Lokoja. As fácies foram classificadas em três grandes associações de fácies, nomeadamente: arenito conglomerático, arenito maciço e argilito-siltito. As descrições detalhadas são apresentadas numa secção litoestratigráfica para as sete secções nas figuras 3-9 e as associações de fácies são descritas abaixo.

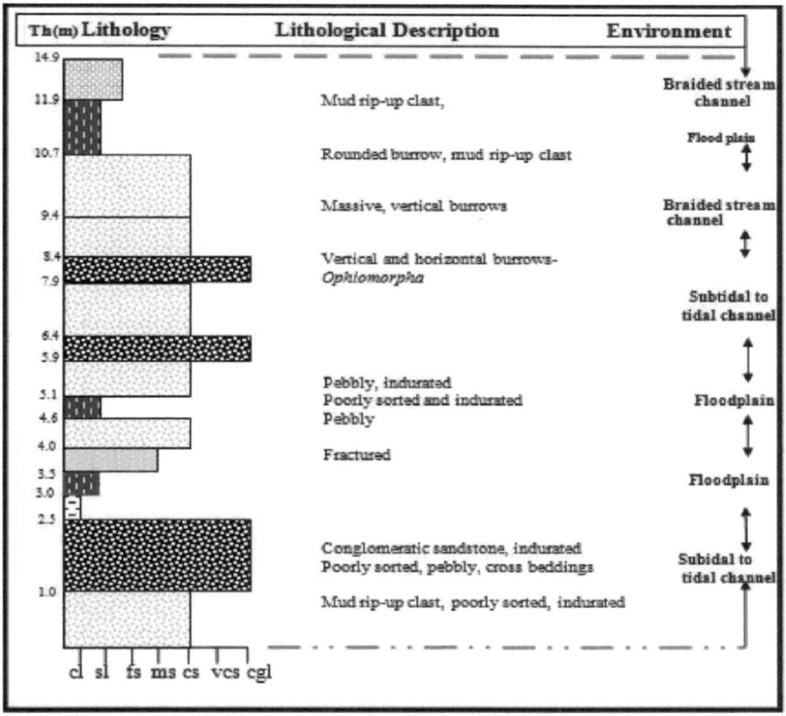

Fig. 3: Perfil estratigráfico do afloramento um (ao longo de 26 km e 600 m da estrada Lokoja-Abuja)

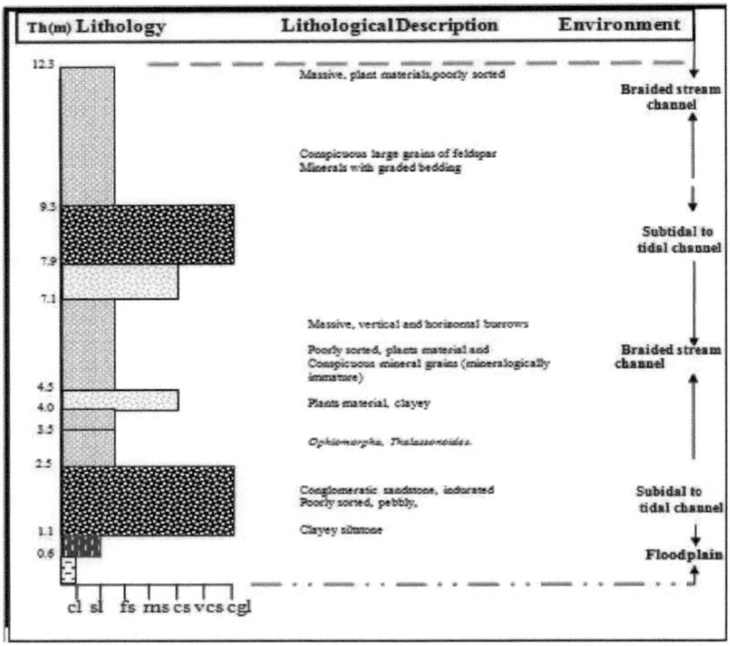

Fig.4: Perfil estratigráfico do afloramento dois (ao longo de 28 km e 50m da via rápida Okene - Abuja)

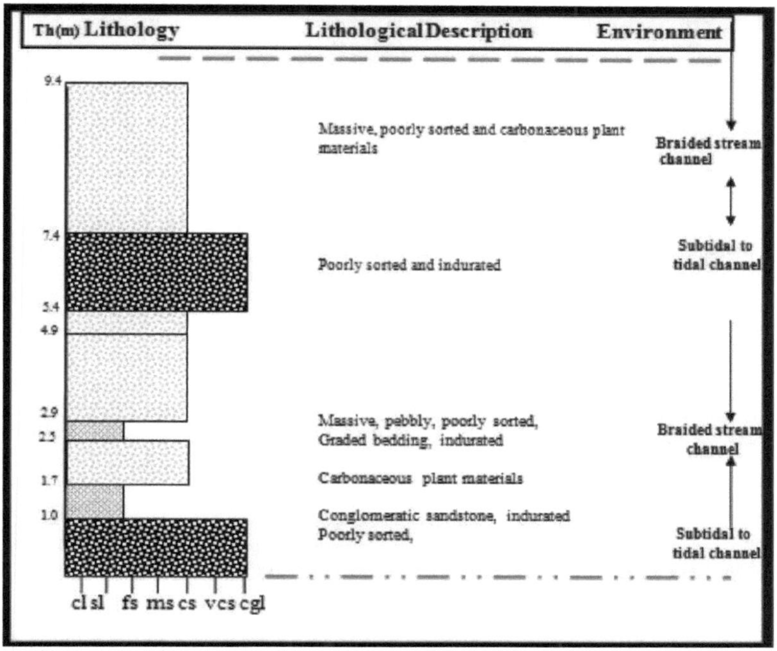

Fig. 5: Perfil estratigráfico do afloramento três (localizado a 28 km e 475 m da via rápida Okene- Abuja)

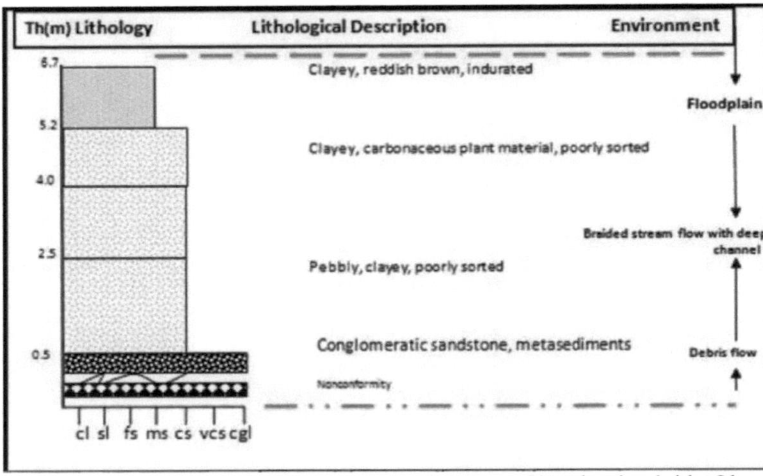

Fig. 6: Perfil estratigráfico do afloramento quatro (35 km e 50m da via rápida Okene-Abuja, perto de Filele)

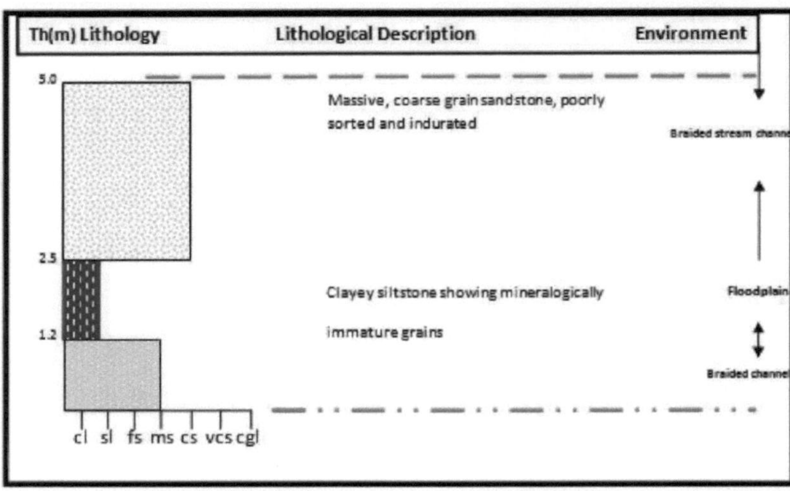

Fig.7: Perfil estratigráfico do afloramento cinco (34 km e 400 m da via rápida Okene-Abuja)

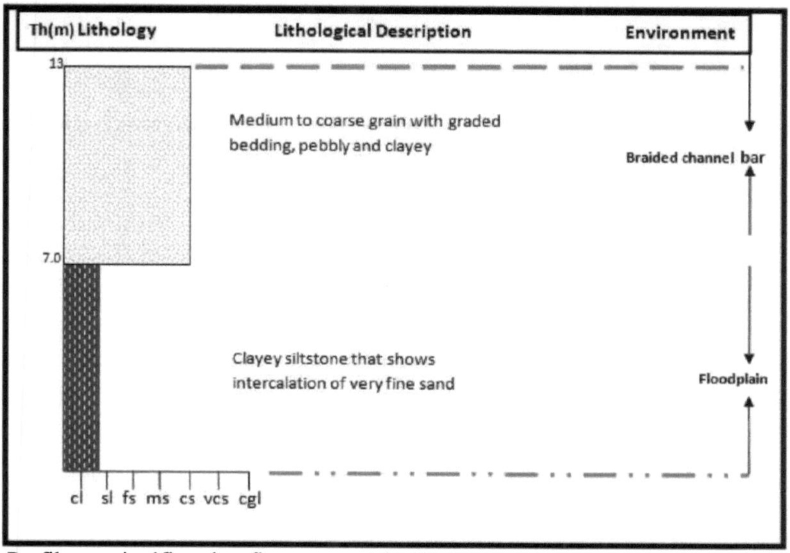

Fig. 8: Perfil estratigráfico do afloramento seis (32 km e 975 m da via rápida Okene-Abuja, perto do cruzamento de Filele)

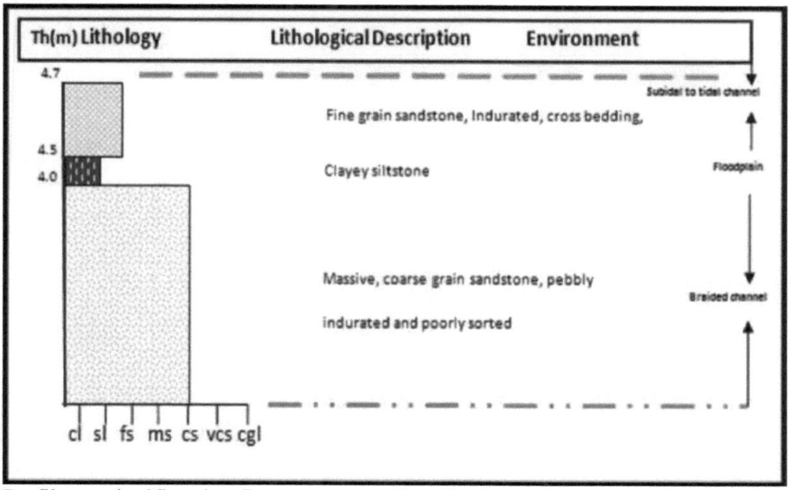

Fig. 9: Perfil estratigráfico do afloramento sete (localizado em Karaworo, na cidade de Lokoja, a cerca de 1-5 km do cruzamento de Lokoja (esta medição é feita à medida que o pássaro voa)

2.1 Descrição das fácies

2.1.1 Fácies de arenito conglomerático

A fácies de arenito conglomerático na área de estudo é composta por três subfácies: conglomerado maciço, conglomerado com suporte de grãos e conglomerado com suporte de matriz graduada. As subfácies de conglomerados maciços foram reconhecidas no afloramento quatro. Situa-se de forma não conforme no complexo basal e mede 0,3 m de espessura (fig. 10a e 10b). As subfácies suportada por grão e suportada por matriz foram reconhecidas nos afloramentos um, dois e três. As subfácies suportadas por grãos são pouco ou moderadamente classificadas, maciças e fazem um contacto nítido com o arenito grosseiro e pedregoso sobrejacente. Estes seixos encontram-se ocasionalmente alinhados unidireccionalmente (fig. 10c e 10d). As fácies de arenito conglomerático são geralmente mal classificadas com seixos angulares a subarredondados. No entanto, uma pequena percentagem apresenta formas de seixos bem arredondados. Os fragmentos de rocha mais comuns são o gnaisse, o quartzito e o granito, ao passo que o quartzo, o feldspato e a caulinite são pouco significativos.

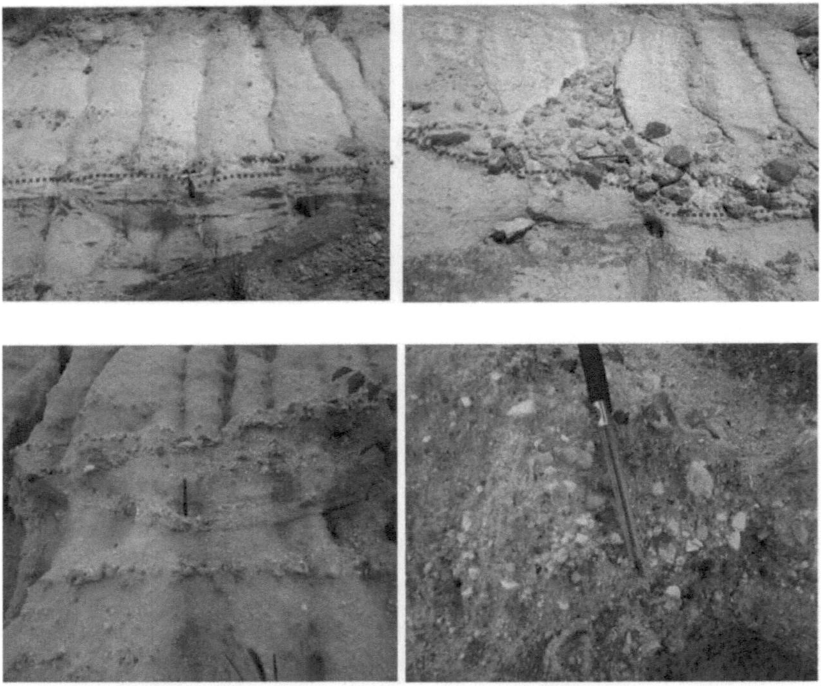

Fig. 10: (a) e (b) a linha pontilhada vermelha marca a fronteira entre a unidade de arenito conglomerático (secção superior) e o complexo basal (secção inferior) reconhecido na secção

quatro (c) Alinhamento unidirecional dos seixos no arenito conglomerático - observar a caneta escura de 15 cm (b) Distribuição aleatória dos seixos nas subfácies de conglomerado suportadas por grãos do afloramento um.

2.1.2 Fácies de arenito maciço

A fácies de arenito maciço foi reconhecida em todas as secções estudadas. É constituída por três subfácies: arenito bioturbado, arenito estratificado cruzado e arenito de grão médio. As subfácies de arenito bioturbado foram reconhecidas nos afloramentos um e três. Os vestígios fósseis identificados nas unidades são *Thalassinoides* e *Ophiomorpha.* Estas tocas ocorrem dentro do arenito maciço imaturo em termos de textura e estão distribuídas esporadicamente. Os tamanhos variam de 15 a 23 cm de comprimento. As subfácies de arenito estratificado cruzado ocorrem nos afloramentos um, dois, três, quatro, seis e sete. É pobremente-moderadamente moderadamente classificado, feldspártico e consolidado. No afloramento sete, é friável. A estratificação cruzada em calha e a estratificação cruzada em espinha de peixe são as principais estruturas sedimentares que caracterizam esta fácies (fig. 11a). Esta subfácies estabelece um contacto erosivo com o argilito-siltito sobrejacente e define um motivo de afinamento ascendente. A nível textural, o arenito é imaturo (fig. 11b). Frequentemente intercalada com o arenito conglomerático encontra-se a subfácies de arenito de grão médio com espessura média de 1,1 m nos afloramentos um, dois, três e seis. É mal classificada, seixos, fracamente estratificada, friável, maciça, argilosa e feldspática. A cor dos arenitos varia do branco pálido ao castanho.

Fig. 11: (a) Estratificação cruzada em espinha de peixe dentro das subfácies de arenito estratificado cruzado mostrando contacto erosivo no arenito maciço - o martelo tem 30 cm (b) Arenito texturalmente imaturo dentro do arenito maciço - pen-15 cm.

2.1.3 Fácies de argilito-siltito

Esta fácies é caracterizada por subfácies de arenitos muito finos, siltitos e argilitos. É medida em todas as secções, grosseiramente exposta na parte inferior do afloramento seis (fig. 12b) e muitas vezes cobrindo as sucessões litológicas. As unidades de siltitos com espessura média de 0,5 m estão intercaladas com arenitos maciços, de grão fino a médio (fig. 12a). É laminado, ferruginizado, micáceo e com intervalos de areias. Na maior parte das secções, passa para a sobrecarga laterítica.

Fig. 12: (a) Contacto erosivo entre o arenito de grão médio (em cima) e a fácies argilo-arenosa (b) fácies argilo-arenosa exposta na secção seis.

2.2. Análise sedimentológica

A análise efectuada sobre as amostras recolhidas é textural, morfométrica e paleocorrente. A análise textural é de três tipos: univariada, bivariada e multivariada. Cada uma das análises é pormenorizada a seguir.

2.2.1. Análise textural

2.2.1.1. Análise univariada: Friedman (1967) e Miola e Weiser (1968) observaram que o processo que leva à deposição de sedimentos pode ser decifrado a partir de informações sobre tamanho de grão, classificação, tamanho médio e assimetria. Estas propriedades foram usadas para analisar o arenito dos afloramentos estudados e os resultados mostram que os sedimentos eram predominantemente de classificação moderada, tamanho de areia de grão médio, assimetria negativa e platicúrtica.

2.2.1.2. Análise bivariada e multivariada: A análise multivariada foi realizada segundo Sahu, (1968) e todas as secções mostraram que 77,5% das amostras eram de origem marinha pouco profunda, enquanto cerca de 22,5% das populações foram depositadas num ambiente fluvial. A análise bivariada foi utilizada para discriminar os ambientes. Esta foi adoptada a partir das figuras 13 e 14 de Friedman (1967) e Miola e Weiser (1968). Estes últimos utilizaram o gráfico da granulometria média em função da seleção para discriminar entre ambientes fluviais e de praia, enquanto Friedman utilizou o gráfico da assimetria em função da seleção para distinguir os mesmos ambientes. Os resultados são apresentados nas figuras 13 e 14.

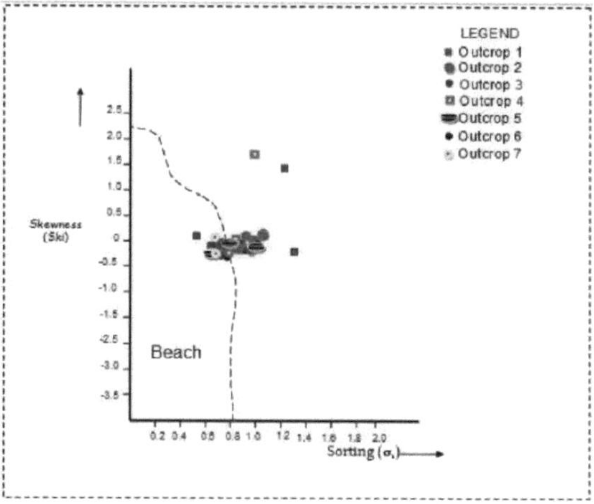

Fig. 13: Gráfico da assimetria (Ski) vs. classificação (σ_1) para a Formação de Arenito Lokoja

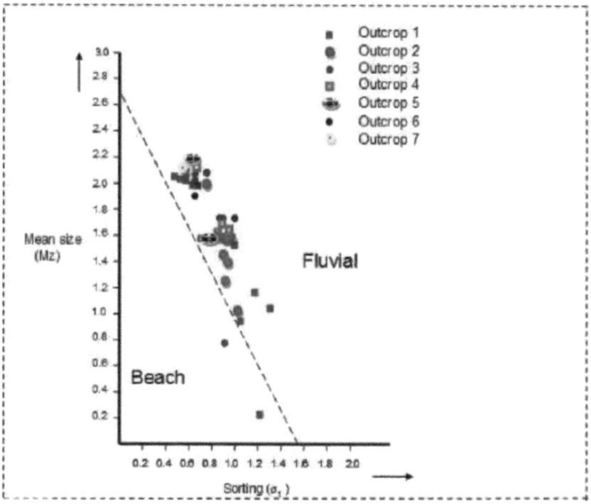

Fig. 14: Gráfico do tamanho médio (mz) vs. classificação (o_1) para a Formação de Arenito Lokoja (segundo Miola e Weiser, 1968).

2.2.2 Análise morfométrica

A gama de tamanhos de clastos para a morfometria de seixos selecionada a partir do afloramento 1, unidade 7, e do afloramento 3, unidade 7, enquadra-se nas classes de grânulos, seixos e calhaus, de acordo com Wentworth (1922), e os seixos constituem a maior percentagem (65%). A distribuição de tamanhos implica uma má classificação dos conglomerados e dos arenitos conglomeráticos da área de estudo.

Os dados morfométricos dos seixos medidos nas secções são apresentados nos quadros 2 e 3. A partir destes resultados (valor médio para cada amostra medida), foram feitos gráficos de dispersão do coeficiente de planicidade versus esfericidade (Stratten, 1973) e do índice de esfericidade de projeção máxima versus índice oblato-prolato (Dobklins e Folks, 1970) (fig. 15 e 16) para diferenciar os seixos de praia dos seixos de rio. Os seixos enquadram-se nos campos fluvial e de praia. Alguns clastos individuais da fácies de arenito conglomerado têm valores de esfericidade e índice OP inferiores a 0,66 e -1,55, respetivamente, típicos de condições de praia de alta energia. Dobklins e Folks (1970) propuseram que a linha de esfericidade de 0,66 é a que melhor separa as amostras de praia e de rio, enquanto valores inferiores a 0,66 são típicos de praias, valores mais elevados sugerem origem fluvial. Valores do índice OP inferiores a -1,5 indicam processos de praia.

Observou-se que certas formas de classes ocorrem com muito mais frequência num ambiente do que noutro e, com base no gráfico triangular de Sneed e Folks (1958), as compactadas (C), compactadas com lâminas (CB) e compactadas alongadas (CE) são típicas de ambientes fluviais, as lâminas (B), alongadas (E) e muito alongadas (VE) representam formas não diagnósticas. As formas platy (P), very platy (VP) e very bladed (VB) indicam a zona de praia. Assim, o gráfico (fig. 17) mostra que 30% ocorrem na zona fluvial, 37% são formas não diagnósticas e 30% representam a zona de praia.

Tabela 2: (a) Dados calculados para a unidade 7 do afloramento 3 (b) Dados calculados para a unidade 2 do afloramento 1 (c) Resumo do cálculo dos dados dos seixos para a área de estudo.

(a)

Outcrop 3 unit 7

Samples No.	L	I	S	Mean flatness Ratio (S/L)	Mean Co-efficient of flatness (S/L)*100	Mean Elongation Ratio (I/L)	MPS= $(S^2/LI)^{1/3}$	L-I /L-S	OPI= {[L-I/L-S]-0.5} /{S/L}
1	4.81	3.55	2.72	0.56	56.54	0.73	0.75	0.60	0.81
2	4.61	3.82	1.93	0.41	41.86	0.82	0.59	0.29	-0.49
3	5.54	4.22	3.05	0.55	55.05	0.76	0.73	0.53	0.05
4	5.63	2.63	1.96	0.34	34.81	0.46	0.63	0.81	0.91
5	4.80	4.32	2.16	0.45	45	0.9	0.60	0.18	-0.70
6	4.71	3.83	1.88	0.39	39.91	0.81	0.58	0.31	-0.47
7	4.02	3.03	2.36	0.58	58.70	0.75	0.77	0.59	0.16
8	3.92	3.02	2.13	0.54	54.33	0.77	0.72	0.50	0.01
9	3.24	2.81	1.83	0.56	56.48	0.86	0.71	0.30	-0.34
10	4.27	3.05	2.25	0.52	52.69	0.71	0.72	0.60	0.19

(b)

Outcrop 1 unit 2

Samples No.	L	I	S	Mean flatness Ratio (S/L)	Mean Co-efficient of flatness (S/L)*100	Mean Elongation Ratio (I/L))	MPS= $(S^2/LI)^{1/3}$	L-I / L-S	OPI= {[L-I/L-S]-0.5} /{S/L}
1	7	4.6	1.93	0.27	27.57	0.65	0.48	0.47	-0.09
2	5.14	3.6	1.83	0.35	35.60	0.70	0.56	0.46	-0.09
3	4.53	4.32	2.63	0.58	58.05	0.95	0.70	0.11	-0.67
4	3.83	3.7	2.63	0.68	68.66	0.96	0.78	0.10	-0.57
5	5.33	2.74	1.87	0.35	35.08	0.51	0.62	0.74	0.70
6	4.68	4.55	1.75	0.37	37.39	0.97	0.52	0.04	-1.21
7	3.84	2.84	1.66	0.43	43.22	0.73	0.63	0.45	-0.09
8	3.69	2.27	2.01	0.54	54.47	0.61	0.78	0.84	0.63
9	3.55	2.55	2	0.56	56.33	0.71	0.76	0.64	0.25
10	4.9	3.1	2.15	0.43	43.87	0.63	0.67	0.65	0.35
11	3.27	2.61	2.05	0.62	62.69	0.79	0.78	0.54	0.06
12	3.54	2.2	1.64	0.46	46.32	0.62	0.70	0.70	0.44
13	4.24	2.27	1.63	0.38	38.44	0.53	0.65	0.75	0.66
14	3.44	2.76	1.22	0.35	35.46	0.80	0.53	0.30	-0.54
15	3.64	2.15	1.3	0.35	35.71	0.59	0.59	0.63	0.38
16	3.2	1.96	0.97	0.30	30.31	0.61	0.53	0.55	0.18
17	2.86	1.88	1.4	0.48	48.95	0.65	0.71	0.67	0.34
18	2.9	2.4	1.16	0.4	40	0.82	0.57	0.28	-0.53

(c)

PARAMETERS	Outcrop 3 unit 7	Outcrop 1 unit 2
Mean OPI	-0.50/10 = -0.05	0.21/18 = 0.01
Mean FI	495.41/10 = 49.54%	798.19/18=44.34%
MPS	6.85/10 = 0.68	11.64/18 = 0.64

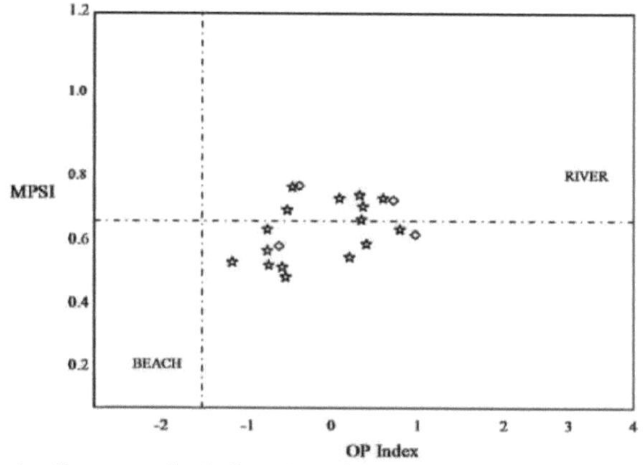

Fig. 15: Gráfico de dispersão do índice de esfericidade de projeção máxima versus índice oblato-prolato (Dobklins e Folks, 1970).

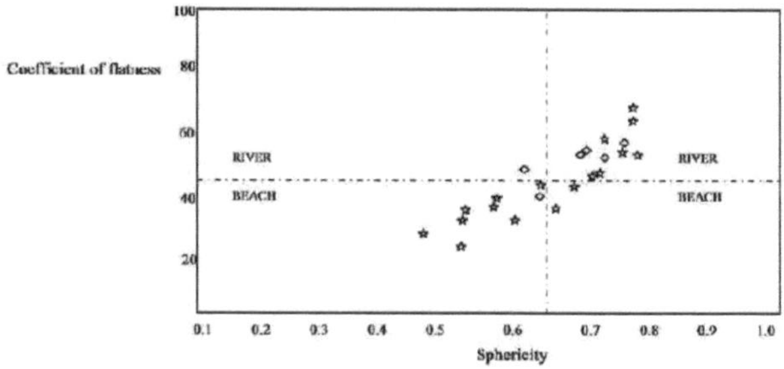

Fig. 16: Gráfico de dispersão do coeficiente de planeza versus esfericidade (Stratten, 1973).

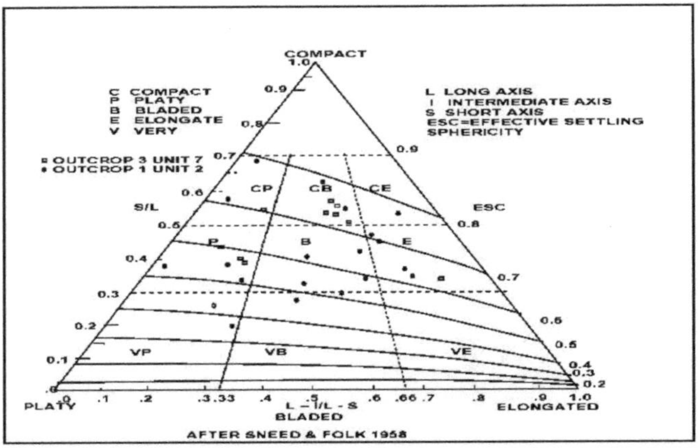

Fig. 17: Parcela triangular de seixos forma o afloramento da Formação de Arenito Lokoja (segundo Sneed e Folks, 1958).

2.2.3 Análise de paleocorrentes

As leituras azimutais dos leitos cruzados são tabuladas e, de acordo com Obi (2000), as rosas azimutais dos padrões de paleocorrentes podem ser agrupadas em três classes principais: (a) unimodal, (b) bimodal com (i) modos mutuamente opostos (bipolar), e (ii) modos mutuamente perpendiculares, (c) poli-modal. Cada uma destas classes define um ambiente. Os padrões azimutais estabelecidos na área de estudo são mostrados na figura 10 (fig. 21). Estes padrões, de acordo com Salley (1985), são classes perpendiculares unimodais e bimodais e definem um ambiente fluvial com incursão na praia.

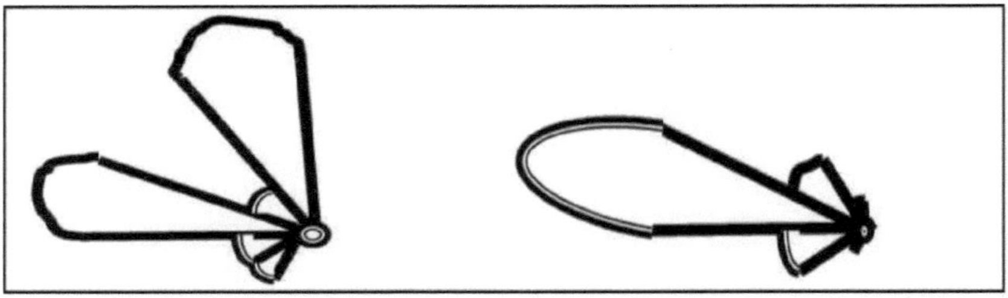

Fig. 18: o diagrama bimodal perpendicular e unimodal em rosa mostrando a direção da paleocorrente para a Formação de Arenito Lokoja.

2.3. Caraterísticas dos fósseis vestigiais

Os vestígios fósseis encontrados na área de estudo estavam presentes nas subfácies de arenito bioturbado da associação de fácies de arenito maciço. Os vestígios fósseis reconhecidos são *Ophiomorpha* e *Thalassinoides*. Estes foram distribuídos esporadicamente nas unidades de leito.

2.3.1. Ophiomorpha: Estes foram reconhecidos como padrões simples de tocas nitidamente revestidas com sedimentos aglutinados e granulados. O revestimento é grosseiramente liso no interior e densamente a fortemente mamilado no exterior. As pelotas individuais eram discóides e de forma irregular. Caracteristicamente, foram preenchidos com os grãos argilosos-siltosos provavelmente da fácies de argilito-siltito sobrejacente. A ramificação é irregular; alguns componentes possuem a forma de Y com uma articulação arredondada e inchada nas bifurcações (fig. 19a e b).

Fig. 19: (a) *Ophiomorpha* em forma de Y nas subfácies de arenito bioturbado (b) *Ophiomorpha* aglutinado e granulado no arenito.

2.3.2 Thalassinoides: As tocas *de Thalassinoides* encontradas eram relativamente grandes, com paredes lisas, em forma de Y e alargadas nos pontos de bifurcação (fig. 20a e b). As bifurcações eram de forma elíptica e cada ramo cilíndrico de paredes lisas media cerca de 20 cm. Embora a maioria das redes de ramos seja essencialmente horizontal, outras são inclinadas. Os preenchimentos das tocas não têm estrutura, o que implica uma sedimentação passiva (induzida pela gravidade) pelo traçador.

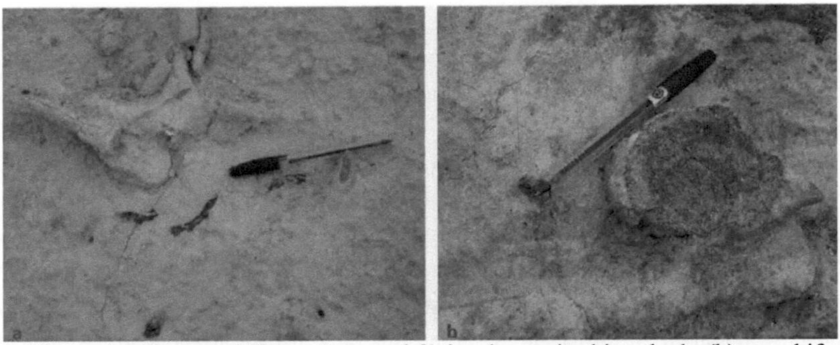

Fig. 20: *Thalassinoides* com bifurcação na subfácies de arenito bioturbado (b) uma bifurcação de *Thalassinoides* exposta mostra sedimentos de preenchimento como siltito argiloso.

CAPÍTULO TRÊS

3.0. Discussão

As fácies de arenito conglomerático implicam um ambiente continental dominado por processos aluviais e de correntes entrançadas (Bull, 1972; Miall, 1990; Braide, 1992; El-Araby e Abdel-Motelib, 1999; Ojo e Akande, 2003). As subfácies conglomeráticas suportadas por grãos de matriz são provavelmente depósitos de fluxos de detritos num leque aluvial. Esta interpretação é consistente com a de Ojo e Akande (2003) para a mesma área. Caraterísticas semelhantes obtidas na parte superior da Calha de Benue foram interpretadas como depósitos de leques aluviais induzidos pela gravidade por Guiraud (1990) e Ojo (1999).

As fácies de arenito maciço caracterizadas por estratificação cruzada indicam depósitos de fluxo fluvial entrançado. Isto é apoiado pela presença de arenito de grão muito grosseiro a seixos que formam um alinhamento unidirecional e pela ausência de vestígios fósseis. A associação de arenito, depósitos de grão muito grosseiro e seixos pode ter sido devida à energia flutuante do fluxo fluvial entrançado. Este facto foi descrito por Wycsk (1990), que referiu que os sistemas fluviais entrançados estão sujeitos a flutuações rápidas na velocidade do fluxo, o que faz com que os sedimentos sejam depositados principalmente sob a forma de barras de canal.

As subfácies de arenito bioturbado, tipificadas por estratificação em calha, cruz e espinha de peixe, representam depósitos de ambiente marinho pouco profundo. Este facto é ainda apoiado pelo padrão de paleocorrentes unimodal-bimodal e pela presença de *Ophiomorpha* e *Thalassinoides.* A direção perpendicular unimodal e bimodal da paleocorrente, de acordo com Sally (1985), representa depósitos fluviais e de maré ou costeiros, respetivamente, e a estratificação cruzada em espinha de peixe retrata depósitos num ambiente pouco profundo (Reijers, 1996). *Ophiomorpha* é indicativo de regimes de alta energia, comum em depósitos de água salobra, incluindo estuários e cardumes de maré, e foi interpretado como a toca de habitação de um crustáceo decápode (especialmente camarão thalassinidean) por Pemberton *et al.* (1992), enquanto *Thalassinoides* é geralmente considerado como uma toca de habitação e/ou alimentação de um crustáceo decápode (camarão thalassinídeo) associado à icnofácies Cruziana em ambientes costeiros mais baixos até ao largo e encontra-se em assembleias de água salobra de baixa diversidade (Pemberton *et al.,* 1992).

A fácies de argilito-siltito é interpretada como depósitos de planície de inundação resultantes da queda de suspensão durante o período de inundação das margens (Reading 1977; Ojo e Akande 2003).

Em geral, as associações de fácies na Formação de Arenito de Lokoja representam depósitos que evoluíram de leques aluviais através de um fluxo trançado para um ambiente marinho pouco profundo.

As informações da morfometria dos seixos mostram significativamente a interação dos processos fluvial e de praia, com predominância do processo fluvial em algumas secções, como sugerido por alguns clastos das fácies de arenito conglomerático com valores de esfericidade e índice OP inferiores a 0,66 e -1,5, respetivamente.

3.1. Conclusão

Com base na sedimentologia e nas caraterísticas dos fósseis vestigiais apresentadas neste estudo, as condições fluviais e marinhas pouco profundas propostas por autores anteriores são válidas. No entanto, propõe-se uma configuração fluvio-estuarina para a Formação de Arenito de Lokoja.

REFERÊNCIAS

Adeleye, D.R., Dessauvagie, T.F.J. 1972. Estratigrafia do embayment do Níger, perto de Bida, Nigéria. In: Dessauvagie, T.F.J., Whiteman, A.J. (Eds.), African Geology. Imprensa da Universidade de Ibadan, pp. 181-186.

Adeleye, D.R. 1974. Sedimentologia dos arenitos fluviais de Bida (Cretáceo) na Nigéria. Geologia Sedimentar 12, 1-24.

Agyingi, C.M. 1991. Geologia das rochas do Cretácico superior na Bacia de Bida oriental, Nigéria Central. Tese de doutoramento não publicada, Universidade de Ibadan, Nigéria, 501 pp.

Braide, S.P. 1992. Desenvolvimento geológico, origem e potencial de recursos minerais energéticos da Formação Lokoja na bacia sul de Bida. Journal of Mining and Geology 28, 33-44.

Brenner, R.L. e Davies, D.K. 1973. Arenito coquinoide gerado por tempestade: Génese de sedimentos marinhos de alta energia do Jurássico Superior do Wyoming e Montana. *Boletim da Sociedade Geológica da América* 84 pp. 1685-1698.

Bull, W.P. 1972. Recognition of Alluvial fan Deposit in the stratigraphic records In J.K rigby and W. K. Hamblin (eds.) Recognition of Ancient Sedimentary environments. Soc. Econs Palaentologists and Minerologists, pp. 68-83

Dobkins, J.E. e Folk, R.L. 1970. Desenvolvimento de formas em Tahiti Nui. Journal of Sedimentary Petrology, 40, 1167-1203.

El-Araby, A. e Abdel-Motelib, A. 1999. Facies deposicionais da Formação Araba do Cambriano na região de Taba, leste do Sinai, Egito. Jour. African Earth Sci., 29 (2), pp. 429-447 .

Falconer, J.D. 1911. The Geology and Geography of Northern Nigeria. Macmillan, Londres, 255pp.

Folk, R. C. e Ward, W. C. 1957. Barra do rio Brazes, um estudo da importância dos parâmetros granulométricos. *Jour. Sed. Geol,* 27. pp. 3-27.

Friedman, G.M. 1967. Processos dinâmicos e parâmetros estatísticos comparados para a distribuição da frequência de tamanhos de areias de praias e rios. *Jour Sed. Pet.,* 37, pp. 327-354.

Guiraud, M. 1990. Quadro tectno-sedimentar da Formação Bida continental do início do Cretácico (canal do Alto Benue), N.E. Journal of African Earth Sci., 10, pp. 341-353.

Kogbe, C.A., Ajakaiye, D. E., Matheis, G. 1981. Confirmação da estrutura de rift ao longo do Vale do Médio Níger, Nigéria. Journal of African Earth Sciences 1, 127-131.

Lutig, G. 1962. A forma dos seixos nas fácies continentais fluviais e marinhas. Publicação da Associação Internacional de Hidrologia Científica. 59, pp. 535-258.

Maill, A.D. 1990. Principles of Sedimentary Basins Analyses. Springer-verlag, Nova Iorque, 667pp.

Miola, R.J. e Weiser, D. 1968. Parâmetros texturais: Uma evolução. Jour. Sed. Pet., 39, No 3, pp. 1074-1106.

Miola, K.J. e Weiser, D. 1968. Parâmetros texturais: Uma evolução. Jour. Sed.
Pet., 38, pp. 45-53.

Obi, G. C. 2000. Modelos deposicionais para a Bacia de Anambra do Campaniano - Maastrichtiano, Sul da Nigéria: Unpub. Tese de doutoramento. Universidade da Nigéria, Nsukka, Nigéria, 291pp.

Ojo, O.J. 1992. Geologia do petróleo e sedimentologia da Formação Patti, Bacia de Bida, Nigéria. Tese de Mestrado, Universidade de Ibadan, Ibadan, 149pp

Ojo, O.J. 1999. Ambientes de deposição, petrografia e estudos geoquímicos orgânicos das bacias de Gongola e Yola, Nigéria. Implicações para o potencial de hidrocarbonetos. Tese de doutoramento, Universidade de Ilorin, Ilorin, 355pp

Ojo, O.J., e Akande, S.O. 2003. Facies Relationships and Depositional Environment of the

Upper Cretaceous Lokoja Formation in the Bida Basin, Nigeria: *Jour. Of Mining and Geology Vol.39(1) 2003, pp. 39-48.*

Ojo, O.J., Akande, S.O., 2006. Estudos sedimentológicos e palinológicos da Formação Patti, sudeste da Bacia de Bida, Nigéria: implicações para os paleoambientes e a paleogeografia. Boletim da Associação Nigeriana de Exploradores de Petróleo 19, 61-77

Ojo, O.J., e Akande S.O. 2009. Sedimentological and depositional environment of the Maatrichtian Patti Formation, Southeastern Bida Basin, Nigeria. Cretaceous Research 30, 1415-1425

Olaniyan, O., Olobaniyi, S.B. 1996. Análise de fácies da formação de arenitos de Bida em torno de Kajita, Bacia de Nupe, Nigéria. Jornal de Ciências da Terra de África 23, 253-256.

Olugbemiro, R., Nwajide, C.S. 1997. Distribuição do tamanho dos grãos e morfogénese das partículas como assinaturas de ambientes deposicionais de fácies cretácicas (não ferruginosas) na Bacia de Bida, Nigéria. Jornal de Minas e Geologia 33, 89101.

Pemberton, S.G., Wagoner, J.C. e Wach G.D. 1992. Ichnofacies of Wave- Dominated Shoreline: *em* Pemberton, S.G., ed., Applications of Ichnology to Petroleum Exploration: a Core Workshop: Society of Economic Paleontologists and Mineralogists Core Workshop 17, p. 2-36.

Petru Stefan, C.N. 2005. Contribuição para o estudo morfométrico dos detritos móveis de Balabanesti

Potter, P.E. e Pettijohn, F. J. 1963. Paleocurrents and basin analysis. Nova Iorque Springer-Verlag, pp. 87-90.

Reading, H.G. 1981. Sedimentary environment and facies. Elsevier, Nova Iorque, 544pp

Reijers, T.J.A. 1996. Selected Chapters on Geology: sedimentary geology and sequence stratigraphy in Nigeria and the three case studies and a field guide. Shell Petroleum Company of Nigeria, Corporate repographic services, Warri, 197pp.

Sahu, B.K. (1964). Depositional mechanisms for the size analysis of clastic sediments. Jour.

Sed. Pet., Vol. 34, No. 1, pp. 73-83.

Sames, C.W. (1966). Dados morfométricos de algumas associações recentes de seixos e sua aplicação a depósitos antigos: Jour. Sed. Petrol., 36 pp. 126-142.

Selley, R.C. 1985. Ancient sedimentary environments. Chapman and Hall, Londres, 380pp.

Sneed, E.D. e Folk R.L. 1958. Pebbles in the lower Colorado River, Texas, a study in particle morphogenesis, *Journal of Geology* 66(2), 114-150.

Stratten, J. 1973. Notas sobre a aplicação do parâmetro de forma para diferenciar entre depósitos de praia e de rio na África Austral. Trans. Geol. Soc. S. Africa, 76, pp. 59-64.

Visher, G.S. 1969. Distribuição do tamanho dos grãos e processos deposicionais. Jour. Sed. Pet., Vol. 39, No 3, pp. 1074-1106.

Vrbka, P., Ojo, O.J. e Gebhardt, H. 1999. Caraterísticas hidráulicas das rochas sedimentares maastrichtianas do sudeste da Bacia de Bida, Nigéria central. *Journal of African Earth Sciences, 29(4),* 659-66.

Wentworth, C.K., 1922. Uma escala de grau e termos de classe para sedimentos clásticos. Jour. de Geol., 30, pp. 377-392

Wycsk, P., 1990. Aspeto da sedimentação cratonal: Distribuição de fácies de sequências fluviais e marinhas pouco profundas no NW Sudão/SW Egito desde o Siluriano. Jour. African Earth Sci., 10, (1,2) pp. 215-228.

APÊNDICE A

Relatório de análise granulométrica

Método de análise: (i) Tipo de ecrã: intervalo de meio phi.

(ii) Tempo de peneiração: 15 minutos.

(iii) Peso da amostra Outcrop (OU): 50 gramas.

AMOSTRA Nº:

OU3/07			
Wt	**wt(%)**	**Cumulative wt**	**Phi scale**
-			-1
0.18	0.36	0.36	-0.5
0.59	1.18	1.54	0
1.03	2.06	3.6	0.5
2.04	4.08	7.68	1
5.01	10.02	17.7	1.5
9.81	19.62	37.32	2
16.72	33.44	70.76	2.5
11.89	23.78	94.54	3
2.02	4.04	98.58	3.5
0.7	1.4	99.98	4

OU1/10			
Wt	**Wt (%)**	**Cumulative wt (%)**	**Phi scale**
-			-1
0.14	0.28	0.28	-0.5
0.51	1.02	1.3	0
0.87	1.74	3.04	0.5
1.92	3.84	6.88	1
5.26	10.52	17.4	1.5
10.83	21.66	39.06	2
16.83	33.66	72.72	2.5
11.29	22.58	95.3	3
1.08	2.16	97.46	3.5
0.81	1.62	99.08	4

OU1/11			
Wt	Wt (%)	Cumulative Wt (%)	Phi scale
-			-1
0.27	0.54	0.54	-0.5
0.73	1.46	2	0
0.69	1.38	3.38	0.5
1.98	3.96	7.34	1
5.01	10.02	17.36	1.5
11.31	22.62	39.98	2
16.98	33.96	73.94	2.5
11.51	23.02	96.96	3
1.01	2.02	98.98	3.5
0.51	1.02	100	4

OU1/06			
Wt	Wt (%)	Cumulative Wt (%)	Phi scale
-			-1
0.33	0.66	0.66	-0.5
0.37	0.74	1.4	0
0.87	1.74	3.14	0.5
1.9	3.8	6.94	1
5.93	11.86	18.8	1.5
10.47	20.94	39.74	2
15.58	31.16	70.9	2.5
12.95	25.9	96.8	3
1.02	2.04	98.84	3.5
0.57	1.14	99.98	4

Ou7/03			
Wt	Wt (%)	Cumulative Wt (%)	Phi scale
-			-1
0.24	0.48	0.48	-0.5
0.38	0.76	1.24	0
0.67	1.05	2.29	0.5
1.09	1.76	4.05	1
6.79	13.58	17.63	1.5
10.21	20.42	38.05	2
16.98	33.96	72.01	2.5
12.01	24.02	96.03	3
1.02	2.04	98.07	3.5
0.59	1.18	99.25	4

OU5/02			
Wt	Wt (%)	Cumulative Wt (%)	Phi scale
-			-1
0.29	0.58	0.58	-0.5
0.29	0.58	1.16	0
0.87	1.74	2.9	0.5
2.01	4.02	6.92	1
4.94	9.88	16.8	1.5
9.99	19.98	36.78	2
16.87	33.74	70.52	2.5
12.45	24.9	95.42	3
1.87	3.74	99.16	3.5
0.33	0.66	99.82	4

OU1/14			
Wt	Wt (%)	Cumulative Wt (%)	Phi scale
-			-1
0.22	0.44	0.44	-0.5
0.41	0.82	1.26	0
0.67	1.34	2.6	0.5
1.63	3.26	5.86	1
6.01	12.02	17.88	1.5
10.01	20.02	37.9	2
16.01	32.02	69.92	2.5
14.01	28.02	97.94	3
0.43	0.86	98.8	3.5
0.5	1	99.8	4

OU1/08			
Wt	Wt (%)	Cumulative Wt (%)	Phi scale
-			-1
0.22	0.44	0.44	-0.5
0.61	1.22	1.66	0
0.48	0.96	2.62	0.5
1.78	3.56	6.18	1
5.43	10.86	17.04	1.5
11.04	22.08	39.12	2
18.71	37.42	76.54	2.5
9.99	19.98	96.52	3
0.9	1.8	98.32	3.5
0.64	1.28	99.6	4

OU6/02			
Wt	Wt (%)	Cumulative wt (%)	Phi Scale
-			-1
0.29	0.58	0.58	-0.5
0.28	0.56	1.14	0
0.64	1.28	2.42	0.5
1.91	3.82	6.24	1
7.02	14.04	20.28	1.5
9.24	18.48	38.76	2
17.05	34.1	72.86	2.5
12.08	24.16	97.02	3
0.98	1.96	98.98	3.5
0.5	1	99.98	4

OU1/13			
Wt	Wt %	Cumulative wt (%)	Phi scale
-			-1
0.19	0.38	0.38	-0.5
0.24	0.48	0.86	0
1	2	2.86	0.5
1.87	3.74	6.6	1
4.22	8.44	15.04	1.5
9.99	19.98	35.02	2
20.04	40.08	75.1	2.5
10.49	20.98	96.08	3
1.03	2.06	98.14	3.5
0.9	1.8	99.94	4

OU2/06			
Wt	Wt %	Cumulative wt (%)	Phi Scale
-			-1
1.01	2.02	2.02	-0.5
1.62	3.24	5.26	0
3.99	7.98	13.24	0.5
4.71	9.42	22.66	1
8.31	16.62	39.28	1.5
11.78	23.56	62.84	2
9.26	18.52	81.36	2.5
7.78	15.56	96.92	3
1	2	98.92	3.5
0.39	0.78	99.7	4

OU4/05			
Wt	Wt %	Cumulative wt (%)	Phi scale
-			-1
0.1	0.2	0.2	-0.5
1.59	3.18	3.38	0
4.97	9.94	13.32	0.5
4.59	9.18	22.5	1
7.48	14.96	37.46	1.5
11.57	23.14	60.6	2
9.34	18.68	79.28	2.5
7.99	15.98	95.26	3
1.02	2.04	97.3	3.5
1.24	2.48	99.78	4

OU4/02			
Wt	Wt %	Cumulative wt (%)	Phi scale
-			-1
1.05	2.1	2.1	-0.5
1.48	2.96	5.06	0
4.69	9.38	14.44	0.5
4.21	8.42	22.86	1
8.09	16.18	39.04	1.5
12.58	25.16	64.2	2
9.05	18.1	82.3	2.5
7.08	14.16	96.46	3
1.07	2.14	98.6	3.5
0.7	1.4	100	4

OU1/05			
Wt	Wt %	Cumulative wt (%)	Phi scale
-			-1
0.13	0.26	0.26	-0.5
0.33	0.66	0.92	0
0.71	1.42	2.34	0.5
1.94	3.88	6.22	1
5.14	10.28	16.5	1.5
12.01	24.02	40.52	2
17.43	34.86	75.38	2.5
10.01	20.02	95.4	3
1.38	2.76	98.16	3.5
0.61	1.22	99.38	4

OU7/01			
Wt	Wt %	Cumulative wt (%)	Phi scale
-			-1
0.19	0.38	0.38	-0.5
0.27	0.54	0.92	0
0.89	1.78	2.7	0.5
1.86	3.72	6.42	1
5.02	10.04	16.46	1.5
10.54	21.08	37.54	2
16.9	33.8	71.34	2.5
12.8	25.6	96.94	3
1	2	98.94	3.5
0.52	1.04	99.98	4

OU3/02			
Wt	Wt %	Cumulative wt (%)	Phi scale
-			-1
0.2	0.4	0.4	-0.5
0.34	0.68	1.08	0
0.69	1.38	2.46	0.5
1.86	3.72	6.18	1
6.01	12.02	18.2	1.5
10.1	20.2	38.4	2
17.6	35.2	73.6	2.5
11.43	22.86	96.46	3
1.01	2.02	98.48	3.5
0.61	1.22	99.7	4

OU2/04			
Wt	Wt %	Cumulative wt (%)	Phi Scale
-			-1
0.19	0.38	0.38	-0.5
0.39	0.78	1.16	0
0.69	1.38	2.54	0.5
1.89	3.78	6.32	1
4.9	9.8	16.12	1.5
10.1	20.2	36.32	2
18.5	37	73.32	2.5
11.06	22.12	95.44	3
1.52	3.04	98.48	3.5
0.67	1.34	99.82	4

OU1/07			
Wt	Wt %	Cumulative wt (%)	Phi scale
-			-1
0.23	0.46	0.46	-0.5
0.41	0.82	1.28	0
0.73	1.46	2.74	0.5
1.67	3.34	6.08	1
5.01	10.02	16.1	1.5
11.01	22.02	38.12	2
18.01	36.02	74.14	2.5
12.01	24.02	98.16	3
0.33	0.66	98.82	3.5
0.5	1	99.82	4

OU3/05			
Wt	Wt %	Cumulative wt (%)	Phi Scale
-			-1
0.17	0.34	0.34	-0.5
0.29	0.58	0.92	0
0.69	1.38	2.3	0.5
1.89	3.78	6.08	1
5.35	10.7	16.78	1.5
11.01	22.02	38.8	2
18.76	37.52	76.32	2.5
10.24	20.48	96.8	3
0.89	1.78	98.58	3.5
0.7	1.4	99.98	4

OU4/03			
Wt	Wt %	Cumulative wt (%)	Phi scale
-			-1
0.11	0.22	0.22	-0.5
0.28	0.56	0.78	0
1	2	2.78	0.5
2.1	4.2	6.98	1
6.02	12.04	19.02	1.5
9.18	18.36	37.38	2
17	34	71.38	2.5
12.02	24.04	95.42	3
1.67	3.34	98.76	3.5
0.5	1	99.76	4

OU5/03			
Wt	Wt %	Cumulative wt (%)	Phi scale
-			-1
0.19	0.38	0.38	-0.5
0.24	0.48	0.86	0
10.98	21.96	22.82	0.5
1.68	3.36	26.18	1
7.89	15.78	41.96	1.5
11.04	22.08	64.04	2
5.01	10.02	74.06	2.5
10.98	21.96	96.02	3
1.07	2.14	98.16	3.5
0.7	1.4	99.56	4

OU2/08			
Wt	Wt %	Cumulative wt (%)	Phi scale
-			-1
1	2	2	-0.5
1.62	3.24	5.24	0
4.75	9.5	14.74	0.5
4.75	9.5	24.24	1
8.25	16.5	40.74	1.5
11.18	22.36	63.1	2
9.26	18.52	81.62	2.5
7.78	15.56	97.18	3
1	2	99.18	3.5
0.39	0.78	99.96	4

OU3/06			
Wt	Wt (%)	Cumulative wt (%)	Phi scale
-			-1
0.09	0.18	0.18	-0.5
1.57	3.14	3.32	0
5.01	10.02	13.34	0.5
4.58	9.16	22.5	1
7.89	15.78	38.28	1.5
13.05	26.1	64.38	2
8.87	17.74	82.12	2.5
6.98	13.96	96.08	3
0.89	1.78	97.86	3.5
0.58	1.16	99.02	4

OU3/04			
Wt	Wt %	Cumulative wt (%)	Phi Scale
-			-1
0.09	0.18	0.18	-0.5
1.59	3.18	3.36	0
5	10	13.36	0.5
4.54	9.08	22.44	1
7.59	15.18	37.62	1.5
11.77	23.54	61.16	2
9.87	19.74	80.9	2.5
7.87	15.74	96.64	3
1.02	2.04	98.68	3.5
0.66	1.32	100	4

OU1/15			
Wt	Wt %	Cumulative wt (%)	Phi Scale
-			-1
0.09	0.18	0.18	-0.5
1.48	2.96	3.14	0
4.69	9.38	12.52	0.5
4.78	9.56	22.08	1
8.89	17.78	39.86	1.5
12.41	24.82	64.68	2
9.05	18.1	82.78	2.5
7.1	14.2	96.98	3
0.98	1.96	98.94	3.5
0.5	1	99.94	4

OU3/3			
Wt	Wt (%)	Cumulative wt (%)	Phi scale
-			-1
1	2	2	-0.5
1.71	3.42	5.42	0
4.98	9.96	15.38	0.5
5	10	25.38	1
6.99	13.98	39.36	1.5
11.98	23.96	63.32	2
8.98	17.96	81.28	2.5
7.79	15.58	96.86	3
1.02	2.04	98.9	3.5
0.48	0.96	99.86	4

OU3/01			
Wt	Wt %	Cumulative wt (%)	Phi scale
-			-1
0.09	0.18	0.18	-0.5
1.79	3.58	3.76	0
4.86	9.72	13.48	0.5
4.98	9.96	23.44	1
8.02	16.04	39.48	1.5
12.01	24.02	63.5	2
8.91	17.82	81.32	2.5
7.75	15.5	96.82	3
0.99	1.98	98.8	3.5
0.47	0.94	99.74	4

OU2/05			
Wt	Wt %	Cumulative wt (%)	Phi scale
-			-1
0.09	0.18	0.18	-0.5
1.62	3.24	3.42	0
4.73	9.46	12.88	0.5
4.75	9.5	22.38	1
8.25	16.5	38.88	1.5
12.09	24.18	63.06	2
9.26	18.52	81.58	2.5
7.78	15.56	97.14	3
0.09	0.18	97.32	3.5
0.39	0.78	98.1	4

OU2/09			
Wt	Wt %	Cumulative wt (%)	Phi scale
-			-1
1.87	3.74	3.74	-0.5
1.71	3.42	7.16	0
4	8	15.16	0.5
4.97	9.94	25.1	1
9.01	18.02	43.12	1.5
10.67	21.34	64.46	2
7.98	15.96	80.42	2.5
8.09	16.18	96.6	3
0.97	1.94	98.54	3.5
0.42	0.84	99.38	4

OU2/02			
Wt	Wt %	Cumulative wt (%)	Phi scale
-			-1
1.23	2.46	2.46	-0.5
1.68	3.36	5.82	0
4.78	9.56	15.38	0.5
4.08	8.16	23.54	1
7.94	15.88	39.42	1.5
11.08	22.16	61.58	2
10	20	81.58	2.5
8.01	16.02	97.6	3
1.07	2.14	99.74	3.5
0.1	0.2	99.94	4

OU4/04			
Wt	Wt %	Cumulative wt (%)	Phi scale
-			-1
1.01	2.02	2.02	-0.5
1.74	3.48	5.5	0
4.68	9.36	14.86	0.5
5.87	11.74	26.6	1
5.99	11.98	38.58	1.5
11.89	23.78	62.36	2
9.01	18.02	80.38	2.5
7.71	15.42	95.8	3
1.89	3.78	99.58	3.5
0.19	0.38	99.96	4

OU5/01			
Wt	Wt (%)	Cumulative wt (%)	Phi scale
-			-1
1.01	2.02	2.02	-0.5
1.69	3.38	5.4	0
5.01	10.02	15.42	0.5
4.12	8.24	23.66	1
7.85	15.7	39.36	1.5
13.49	26.98	66.34	2
8.08	16.16	82.5	2.5
7.75	15.5	98	3
0.26	0.52	98.52	3.5
0.39	0.78	99.3	4

OU1/12			
Wt	Wt %	Cumulative wt (%)	Phi scale
-			-1
1	2	2	-0.5
2.97	5.94	7.94	0
4.68	9.36	17.3	0.5
4.94	9.88	27.18	1
5.91	11.82	39	1.5
11.07	22.14	61.14	2
9.67	19.34	80.48	2.5
7.98	15.96	96.44	3
1.05	2.1	98.54	3.5
0.39	0.78	99.32	4

OU2/10			
Wt	Wt %	Cumulative wt (%)	Phi scale
-			-1
1.07	2.14	2.14	-0.5
1.69	3.38	5.52	0
5.77	11.54	17.06	0.5
4.37	8.74	25.8	1
8.19	16.38	42.18	1.5
10.98	21.96	64.14	2
9.27	18.54	82.68	2.5
6.94	13.88	96.56	3
1.04	2.08	98.64	3.5
0.48	0.96	99.6	4

OU2/07			
Wt	Wt %	Cumulative wt (%)	Phi scale
-			-1
1.04	2.08	2.08	-0.5
1.74	3.48	5.56	0
4.92	9.84	15.4	0.5
5.01	10.02	25.42	1
7.58	15.16	40.58	1.5
11.99	23.98	64.56	2
9.04	18.08	82.64	2.5
7.48	14.96	97.6	3
0.9	1.8	99.4	3.5
0.27	0.54	99.94	4

OU1/01			
Wt	Wt %	Cumulative wt (%)	Phi scale
-			-1
1.09	2.18	2.18	-0.5
2	4	6.18	0
4.6	9.2	15.38	0.5
5.02	10.04	25.42	1
7.12	14.24	39.66	1.5
13.01	26.02	65.68	2
7.98	15.96	81.64	2.5
7.84	15.68	97.32	3
0.94	1.88	99.2	3.5
0.39	0.78	99.98	4

OU3/08			
Wt	Wt %	Cumulative wt (%)	Phi Scale
1.05	2.1	2.1	-1
3.08	6.16	8.26	-0.5
6.89	13.78	22.04	0
7.98	15.96	38	0.5
11.67	23.34	61.34	1
7.79	15.58	76.92	1.5
4.96	9.92	86.84	2
2.99	5.98	92.82	2.5
3.01	6.02	98.84	3
1.02	2.04	100.88	3.5
0.59	1.18	102.06	4

OU1/09			
Wt	Wt (%)	Cumulative wt (%)	Phi scale
1.76	3.52	3.52	-1
2.98	5.96	9.48	-0.5
5.98	11.96	21.44	0
8	16	37.44	0.5
10.45	20.9	58.34	1
4.94	9.88	68.22	1.5
7.65	15.3	83.52	2
4.09	8.18	91.7	2.5
2.98	5.96	97.66	3
2.54	5.08	102.74	3.5
0.33	0.66	103.4	4

OU1/02			
Wt	Wt(%)	Cumulative wt (%)	Phi Scale
1.34	2.68	2.68	-1
4.98	9.96	12.64	-0.5
5.97	11.94	24.58	0
6.98	13.96	38.54	0.5
9.45	18.9	57.44	1
5.08	10.16	67.6	1.5
6.98	13.96	81.56	2
4.08	8.16	89.72	2.5
2.89	5.78	95.5	3
2.01	4.02	99.52	3.5
0.12	0.24	99.76	4

OU2/03			
Wt	Wt (%)	Cumulative wt (%)	Phi scale
1.54	3.08	3.08	-1
4.56	9.12	12.2	-0.5
5.77	11.54	23.74	0
6.91	13.82	37.56	0.5
10.33	20.66	58.22	1
4.87	9.74	67.96	1.5
7.33	14.66	82.62	2
4.03	8.06	90.68	2.5
2.88	5.76	96.44	3
2.52	5.04	101.48	3.5
0.36	0.72	102.2	4

APÊNDICE B

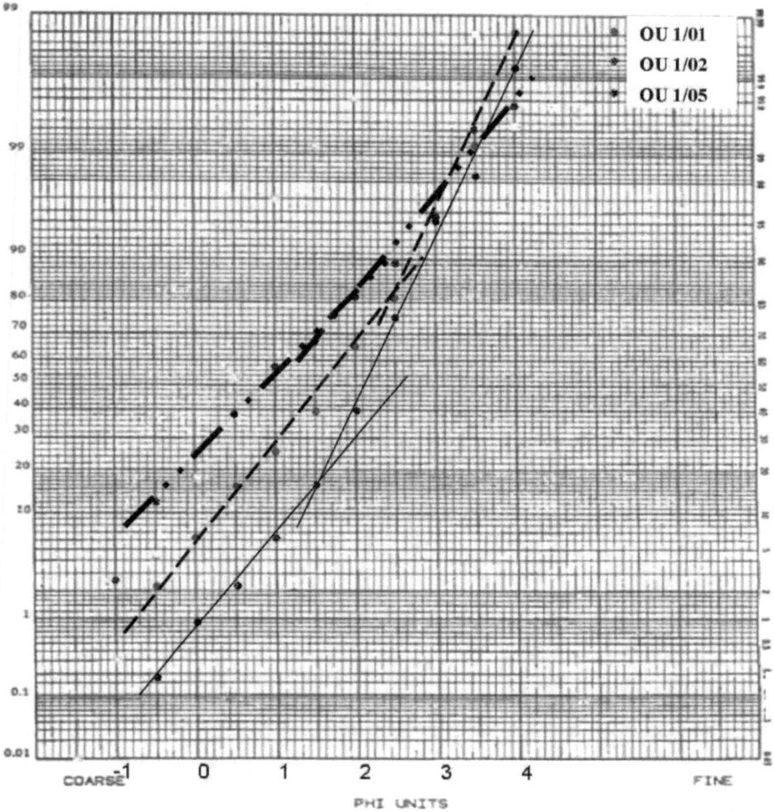

OU 1/01
OU 1/02
OU 1/05
99
99
90
80
70
60
50
40
30
20
10
1
0.1
0.01
COARSE
-1
0
1
2
3
4
FINE
PHI UNITS

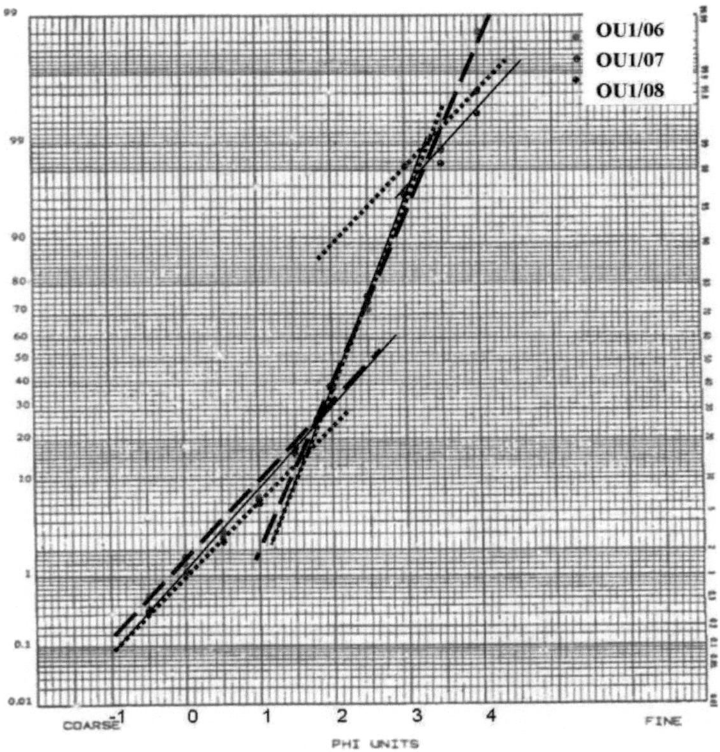

OU1/06
OU1/07
OU1/08
99
99
90
80
70
60
50
40
30
20
10
1
0.1
0.01
COARSE
-1
0
1
2
3
4
FINE
PHI UNITS

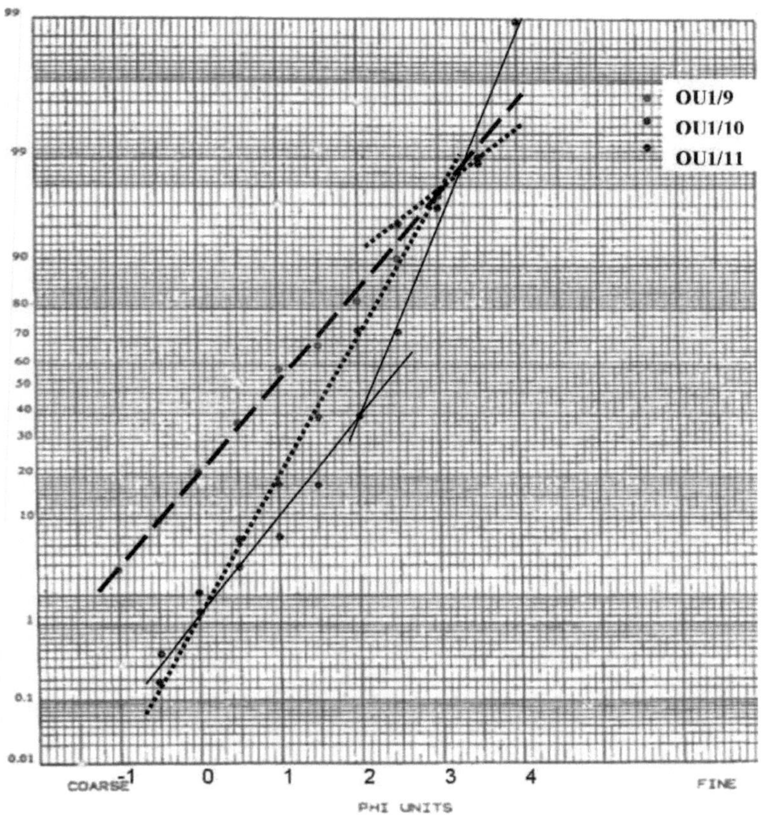

OU1/9
OU1/10
OU1/11
99
99
90
80
70
60
50
40
30
20
10
1
0.1
0.01
COARSE
-1
0
1
2
3
4
FINE
PHI UNITS

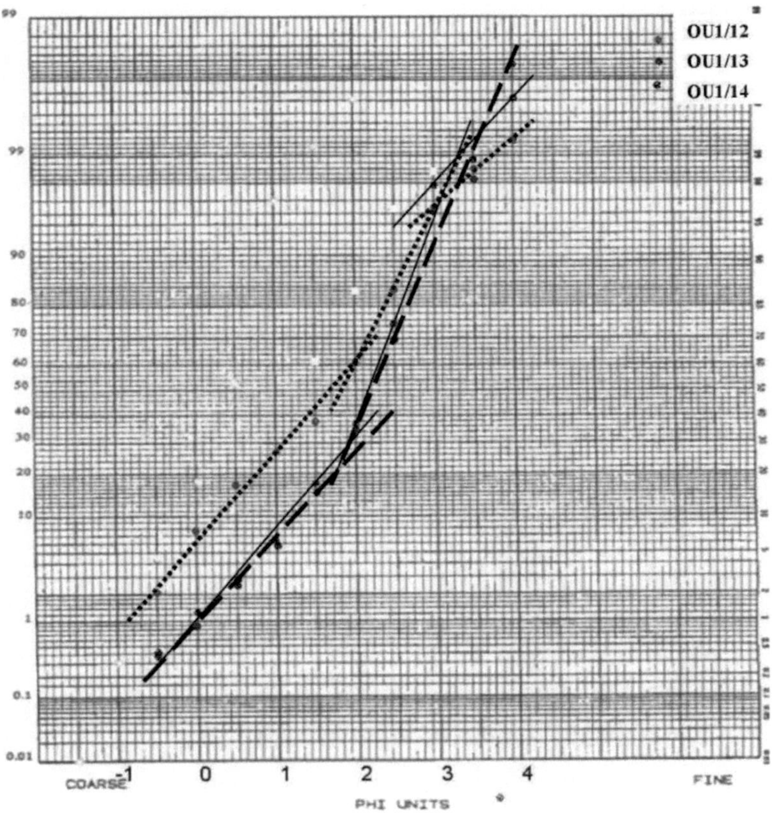
OU1/12
OU1/13
OU1/14
99
90
80
70
60
50
40
30
20
10
1
0.1
0.01
COARSE
-1
0
1
2
3
4
FINE
PHI UNITS

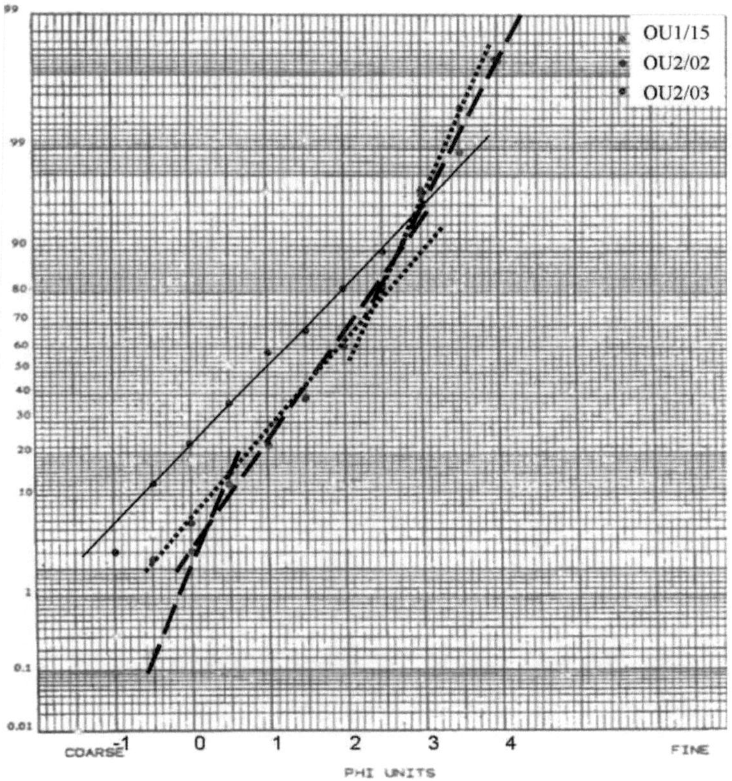
OU1/15
OU2/02
OU2/03
99
99
90
80
70
60
50
40
30
20
10
1
0.1
0.01
COARSE
-1
0
1
2
3
4
FINE
PHI UNITS

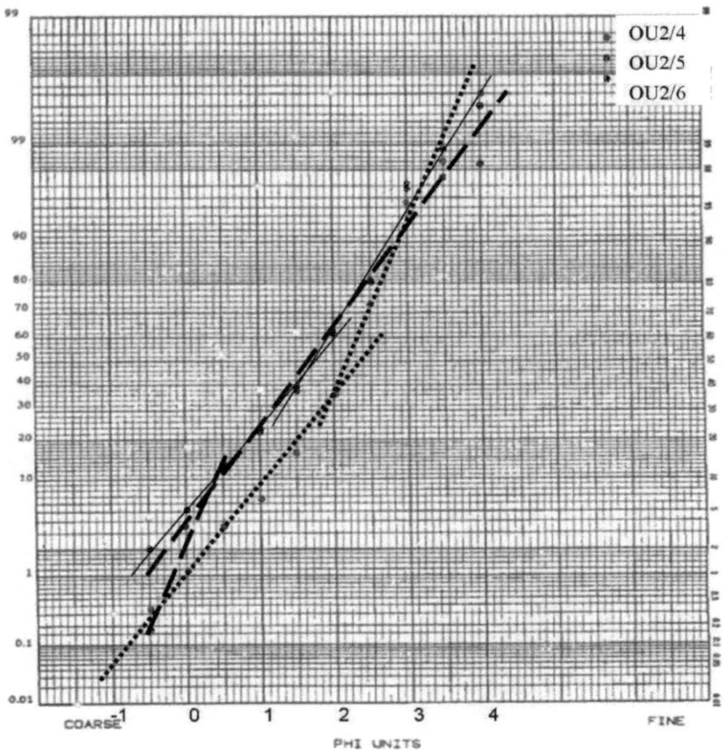

OU2/4
OU2/5
OU2/6
COARSE
FINE
PHI UNITS

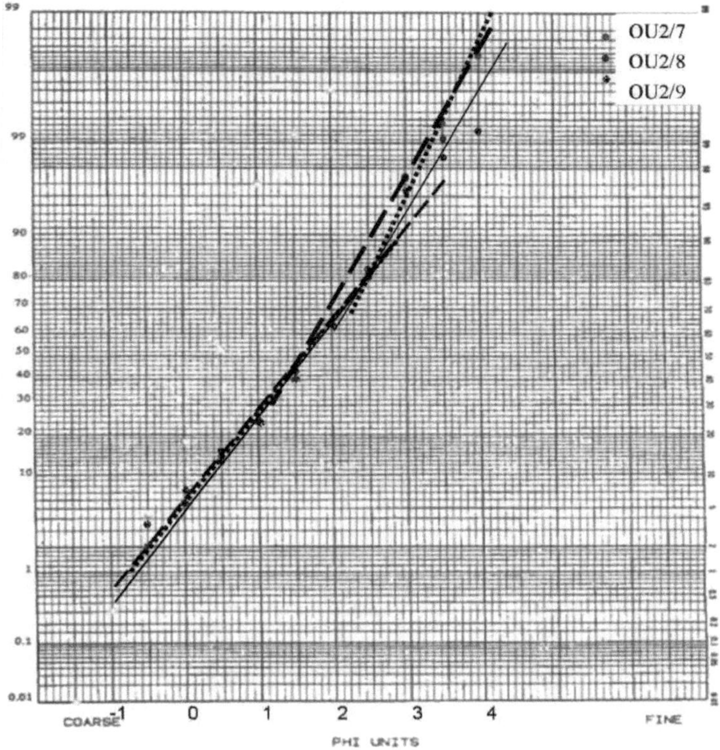
OU2/7
OU2/8
OU2/9
99
99
90
80
70
60
50
40
30
20
10
1
0.1
0.01
COARSE
-1
0
1
2
3
4
FINE
PHI UNITS

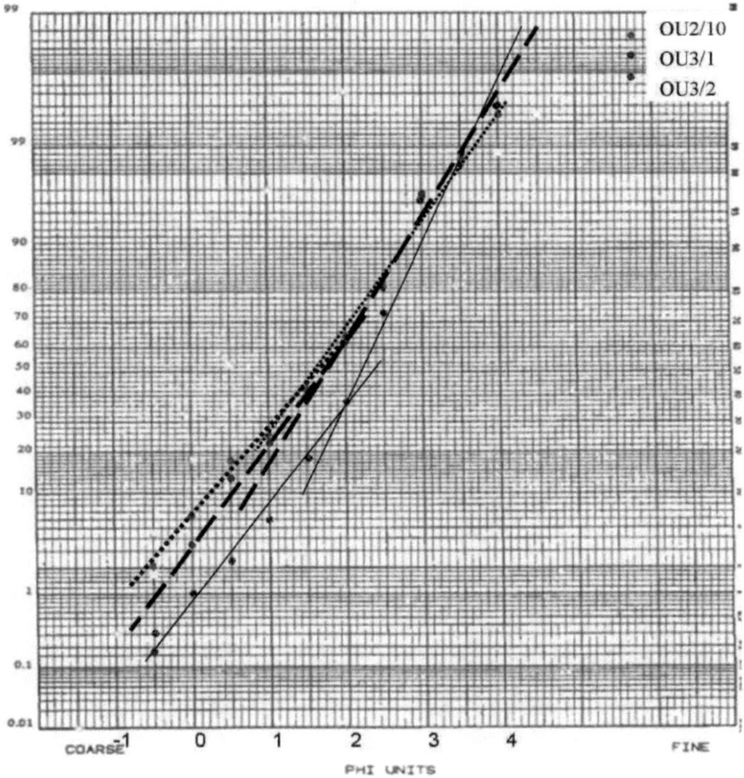
OU2/10
OU3/1
OU3/2
99
99
90
80
70
60
50
40
30
20
10
1
0.1
0.01
COARSE
-1
0
1
2
3
4
FINE
PHI UNITS

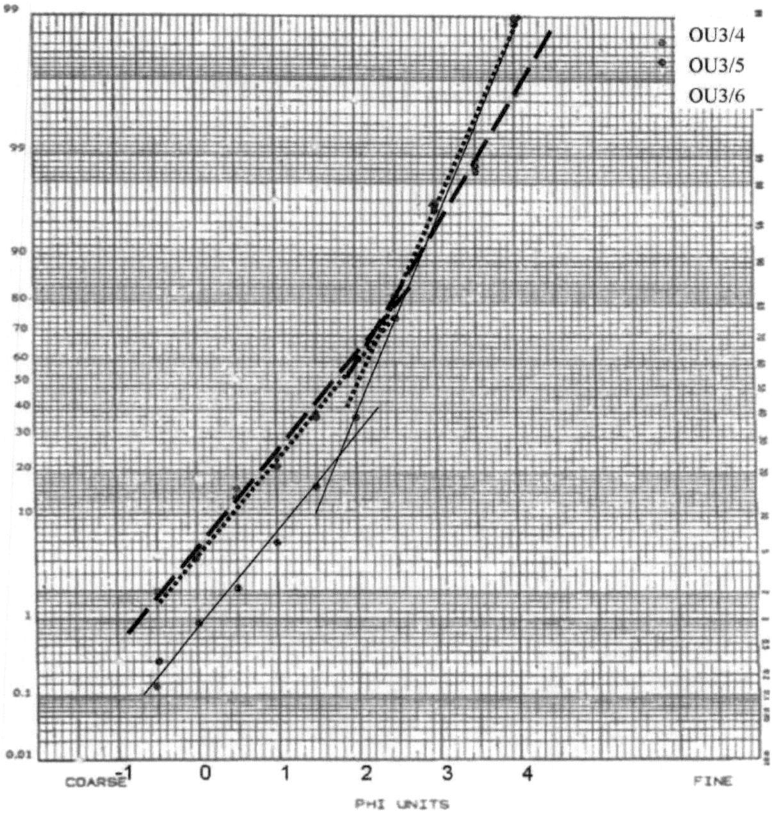

OU3/4
OU3/5
OU3/6
99
99
90
80
70
60
50
40
30
20
10
1
0.1
0.01
COARSE
-1
0
1
2
3
4
FINE
PHI UNITS

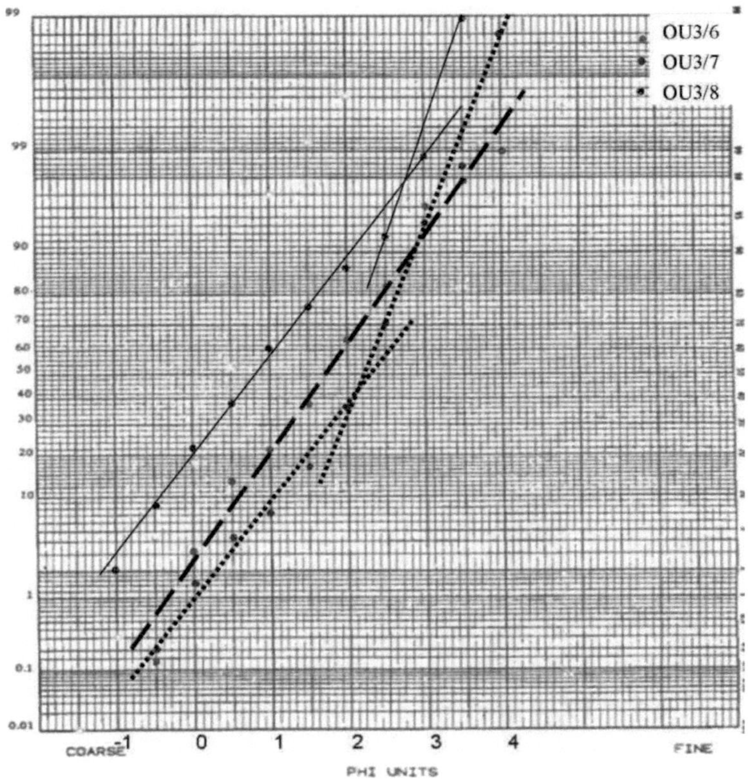

OU3/6
OU3/7
OU3/8
99
99
90
80
70
60
50
40
30
20
10
1
0.1
0.01
COARSE
-1
0
1
2
3
4
FINE
PHI UNITS

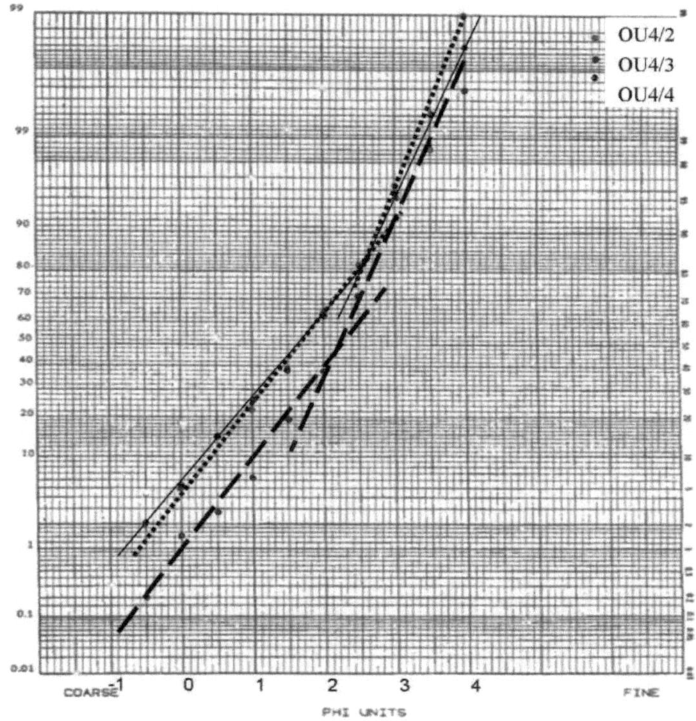

OU4/2
OU4/3
OU4/4
99
90
80
70
60
50
40
30
20
10
1
0.1
0.01
COARSE
-1
0
1
2
3
4
FINE
PHI UNITS

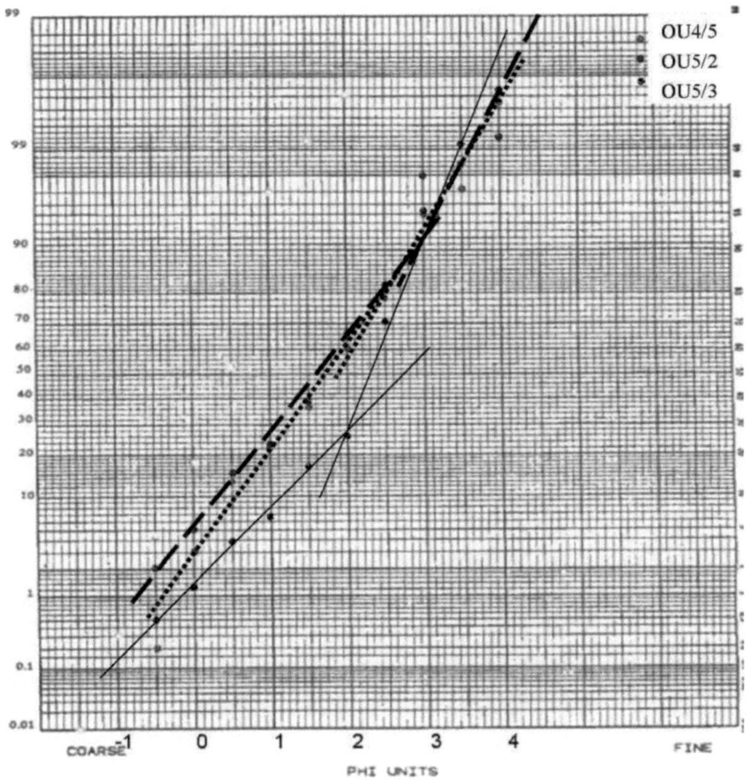
OU4/5
OU5/2
OU5/3
99
99
90
80
70
60
50
40
30
20
10
1
0.1
0.01
COARSE
-1
0
1
2
3
4
FINE
PHI UNITS

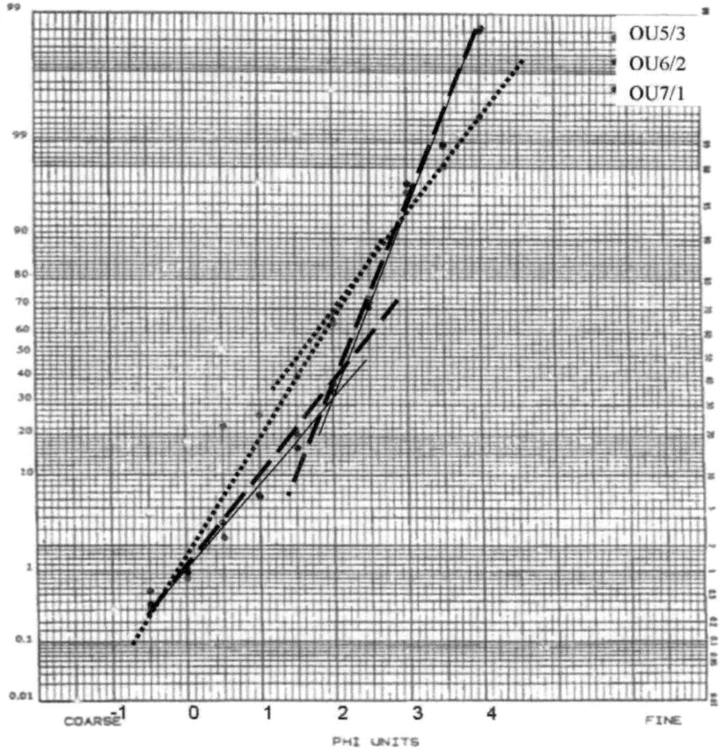
OU5/3
OU6/2
OU7/1
99
99
90
80
70
60
50
40
30
20
10
1
0.1
0.01
COARSE
-1
0
1
2
3
4
FINE
PHI UNITS

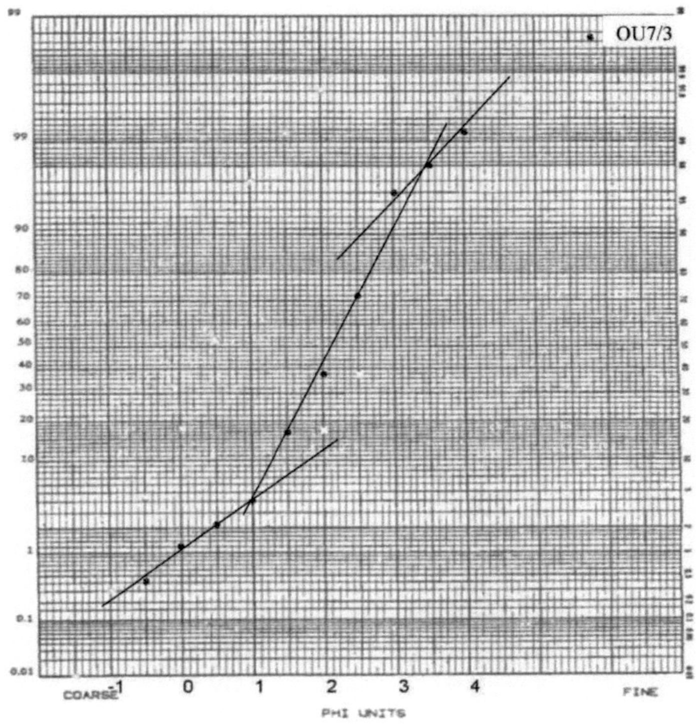
OU7/3
COARSE
-1
0
1
2
3
4
FINE
PHI UNITS

APÊNDICE C

Parâmetros estatísticos e respectivos termos verbais correspondentes (segundo Folk e Ward, 1957).

Parameter	Formulae	Interpretation
Mean Size (M_z)	$\frac{\phi16+\phi50+\phi84}{3}$	0– 1 coarse sand 1– 2 medium sand 2– 3 fine sand
Sorting (δ_1)	$\frac{\phi84+\phi16}{4}+\frac{\phi95-\phi5}{0.6}$	<0.35 very well-sorted 0.35-0.5 well-sorted 0.5-1.0 moderately well-sorted 1.0-2.0 poorly sorted 2.0-4.0 very poorly-sorted >4.0 extremely poorly-sorted
Skewness (Ski)	$\frac{\phi16+\phi84-2\phi50}{\phi2(\phi84-\phi16)}+\frac{\phi5+\phi95-2\phi50}{2(\phi95-\phi5)}$	1.0-0.3 very positively skewed +0.3-+0.1 positively skewed +0.1—0.1 symmetrical -0.1-0.3 negatively skewed -0.3- -0.1 very negatively skewed
Kurtosis (K_G)	$\frac{\phi95-\phi5}{2.44(\phi75-\phi25)}$	<0.67 very platykurtic 0.67-0.90 platykurtic 0.90-0.11 mesokurtic 1.11-1.50 leptokurtic 1.50-3.0 very leptokurtic >3.00 extremely leptokurtic

APÊNDICE D

Campo 3: Unidade 7

Sam ples No.	L	I	S	Mean flatness Ratio (S/L)	Mean Co-efficient of flatness (S/L)*100	Mean Elongation Ratio (I/L)	MPS= $(S^2/LI)^{1/3}$	L-I /L-S	OPI= {[L-I/L-S]-0.5} /{S/L}
1	4.81	3.55	2.72	0.56	56.54	0.73	0.75	0.60	0.81
2	4.61	3.82	1.93	0.41	41.86	0.82	0.59	0.29	-0.49
3	5.54	4.22	3.05	0.55	55.05	0.76	0.73	0.53	0.05
4	5.63	2.63	1.96	0.34	34.81	0.46	0.63	0.81	0.91
5	4.80	4.32	2.16	0.45	45	0.9	0.60	0.18	-0.70
6	4.71	3.83	1.88	0.39	39.91	0.81	0.58	0.31	-0.47
7	4.02	3.03	2.36	0.58	58.70	0.75	0.77	0.59	0.16
8	3.92	3.02	2.13	0.54	54.33	0.77	0.72	0.50	0.01
9	3.24	2.81	1.83	0.56	56.48	0.86	0.71	0.30	-0.34
10	4.27	3.05	2.25	0.52	52.69	0.71	0.72	0.60	0.19

Afloramento 1 Unidade 2

Samples No.		I	S	Mean flatness Ratio (S/L)	Mean Co-efficient of flatness (S/L)*100	Mean Elongation Ratio (I/L))	MPS= $(S^2/LI)^{1/3}$	L-I / L-S	OPI= {[L-I/L-S]-0.5} /{S/L}
1	7	4.6	1.93	0.27	27.57	0.65	0.48	0.47	-0.09
2	5.14	3.6	1.83	0.35	35.60	0.70	0.56	0.46	-0.09
3	4.53	4.32	2.63	0.58	58.05	0.95	0.70	0.11	-0.67
4	3.83	3.7	2.63	0.68	68.66	0.96	0.78	0.10	-0.57
5	5.33	2.74	1.87	0.35	35.08	0.51	0.62	0.74	0.70
6	4.68	4.55	1.75	0.37	37.39	0.97	0.52	0.04	-1.21
7	3.84	2.84	1.66	0.43	43.22	0.73	0.63	0.45	-0.09
8	3.69	2.27	2.01	0.54	54.47	0.61	0.78	0.84	0.63
9	3.55	2.55	2	0.56	56.33	0.71	0.76	0.64	0.25
10	4.9	3.1	2.15	0.43	43.87	0.63	0.67	0.65	0.35
11	3.27	2.61	2.05	0.62	62.69	0.79	0.78	0.54	0.06
12	3.54	2.2	1.64	0.46	46.32	0.62	0.70	0.70	0.44
13	4.24	2.27	1.63	0.38	38.44	0.53	0.65	0.75	0.66
14	3.44	2.76	1.22	0.35	35.46	0.80	0.53	0.30	-0.54
15	3.64	2.15	1.3	0.35	35.71	0.59	0.59	0.63	0.38
16	3.2	1.96	0.97	0.30	30.31	0.61	0.53	0.55	0.18
17	2.86	1.88	1.4	0.48	48.95	0.65	0.71	0.67	0.34
18	2.9	2.4	1.16	0.4	40	0.82	0.57	0.28	-0.53

APÊNDICE E

AFLORAMENTO A UNIDADE 2

	1	2	3	4	5	6	7	8	9
S/N	Az	Dip (D)	Sin A	Cos A	Cos D	SinD	5*4 (b)	5*3(a)	$(A_1\text{-}A)^2$
1	297	8	-0.8910	0.4539	0.9902	0.1391	0.4495	-0.8823	56958.2
2	335	11	-0.4226	0.9063	0.9816	0.1908	0.8896	-0.4148	76540.34
3	320	6	-0.6427	0.7660	0.9945	0.1045	0.7618	-0.6392	68465.55
4	344	19	-0.2756	0.9612	0.9455	0.3255	0.9088	-0.2606	81601.21
5	294	19	-0.9135	0.4067	0.9455	0.3255	0.3845	-0.8637	55535.24
6	322	12	-0.6156	0.7880	0.9781	0.2079	0.7707	-0.6022	69516.19
7	272	15	-0.9993	0.0348	0.9659	0.2588	0.0337	-0.9653	45650.22
8	358	11	-0.0348	0.9993	0.9816	0.1908	0.9810	-0.0342	89795.69
9	220	9	-0.6427	-0.7660	0.9876	0.1564	-0.7566	-0.6348	26133.61
10	232	9	-0.7880	-0.6156	0.9876	0.1564	-0.6080	-0.7783	30157.44
11	300	14	-0.8660	0.5	0.9702	0.2419	0.4851	-0.8403	58399.16
12	258	20	-0.9781	-0.2079	0.9396	0.3420	-0.1953	-0.9191	39863.75
13	256	19	-0.9702	-0.2419	0.9455	0.3255	-0.2287	-0.9174	39069.11
14	300	22	-0.8660	0.5	0.9271	0.3746	0.4635	-0.8029	58399.16
15	352	27	-0.1391	0.9902	0.8910	0.4539	0.8823	-0.1240	86235.77
16	332	5	-0.4694	0.8829	0.9961	0.0871	0.8795	-0.4676	74889.38
			-10.51	6.35					957210
			110.5	12226.9					

AFLORAMENTO SETE UNIDADE 3

	1	2	3	4	5	6	7	8	9
S/N	Az.	Dip (D)	Sin A	Cos A	Cos D	SinD	5*4 (b)	5*3(a)	$(A_1\text{-}A)^2$
1	280	26	-0.9848	0.1736	0.8987	0.4383	0.1560	-0.8851	43928.14
2	300	13	-0.8660	0.5	0.9743	0.2249	0.4871	-0.8438	52711.78
3	300	18	-0.8660	0.5	0.9510	0.3090	0.4755	-0.8236	52711.78
4	335	16	-0.4226	0.9063	0.9612	0.2756	0.8711	-0.4062	70008.15
5	290	17	-0.9396	0.3420	0.9563	0.2923	0.3270	-0.8986	48219.96
6	300	16	-0.8660	0.5	0.9612	0.2756	0.4806	-0.8324	52711.78
7	325	18	-0.5735	0.8191	0.9510	0.3090	0.7790	-0.5455	64816.33
8	235	15	-0.8191	-0.5735	0.9659	0.2588	-0.5540	-0.7912	27089.95
9	252	18	-0.9510	-0.3090	0.9510	0.3090	-0.2938	-0.9045	32975.04
10	265	13	-0.9961	-0.0871	0.9743	0.2249	-0.0849	-0.9706	37865.41
11	271	14	-0.9998	0.0174	0.9702	0.2419	0.0169	-0.9701	40236.5
12	274	17	-0.9975	0.0697	0.9563	0.2923	0.0667	-0.9539	41449.05
13	270	19	-1	-1.83E-16	0.9455	0.3255	-1.7376	-0.9455	39836.32
14	325	16	-0.5735	0.8191	0.9612	0.2756	0.7874	-0.5513	64816.33
15	314	19	-0.7193	0.6946	0.9455	0.3255	0.6568	-0.6801	59336.33
16	288	15	-0.9510	0.3090	0.9659	0.2588	0.2984	-0.9186	47345.59
			-13.52	4.68					776058.4
			182.96	33477.21					

MIX
Papier aus verantwortungsvollen Quellen
Paper from responsible sources
FSC® C105338

Printed by Books on Demand GmbH, Norderstedt / Germany